Ivan Figueira Mendes

Matemática
para os Concursos de Admissão ao 6º ano
dos Colégios Militares

Matemática para os Concursos de Admissão ao 6º ano dos Colégios Militares

Copyright© Editora Ciência Moderna Ltda., 2010.
Todos os direitos para a língua portuguesa reservados pela EDITORA CIÊNCIA MODERNA LTDA.
De acordo com a Lei 9.610, de 19/2/1998, nenhuma parte deste livro poderá ser reproduzida, transmitida e gravada, por qualquer meio eletrônico, mecânico, por fotocópia e outros, sem a prévia autorização, por escrito, da Editora.

Editor: Paulo André P. Marques
Supervisão Editorial: Aline Vieira Marques
Revisão: Nancy Juozapavicius
Capa: Cristina Satchko Hodge
Diagramação: Tatiana Neves
Assistente Editorial: Vanessa Motta

Várias **Marcas Registradas** aparecem no decorrer deste livro. Mais do que simplesmente listar esses nomes e informar quem possui seus direitos de exploração, ou ainda imprimir os logotipos das mesmas, o editor declara estar utilizando tais nomes apenas para fins editoriais, em benefício exclusivo do dono da Marca Registrada, sem intenção de infringir as regras de sua utilização. Qualquer semelhança em nomes próprios e acontecimentos será mera coincidência.

FICHA CATALOGRÁFICA

MENDES, Ivan Figueira.
Matemática para os Concursos de Admissão ao 6º ano dos Colégios Militares
Rio de Janeiro: Editora Ciência Moderna Ltda., 2010

1. Matemática
I — Título

ISBN: 978-85-7393-937-8   CDD 510

Editora Ciência Moderna Ltda.
R. Alice Figueiredo, 46 – Riachuelo
Rio de Janeiro, RJ – Brasil   CEP: 20.950-150
Tel: (21) 2201-6662 / Fax: (21) 2201-6896
LCM@LCM.COM.BR
WWW.LCM.COM.BR   07/10

Prefácio

Nos velhos anos sessenta, a matemática do ensino fundamental era considerada a disciplina difícil, em que professores sisudos e aborrecidos não deixavam espaço para o lúdico e as distrações próprias da adolescência. Os alunos que não fossem aplicados durante todo o ano letivo estavam predestinados às penas das aulas de recuperação durante o período de férias e aos eventuais apertos e embaraços da repetência.

Era um tempo em que estudar matemática significava uma iniciação, espécie de rito de passagem para o mundo adulto, onde vencer as etapas da aritmética, da álgebra e da geometria envolvia esforço e dedicação constantes, e sintetizava uma parte essencial do segredo do sucesso dos homens e mulheres importantes.

Desde então muita coisa mudou no ensino da matemática. Em nome da modernidade, abrandaram-se as exigências da disciplina e o rigor dos deveres e dos exercícios, fazendo com que os novos estímulos visuais e recreativos se sobrepusessem aos conteúdos considerados áridos ou custosos.

Foi assim que a presença extensiva dos seus conteúdos no currículo escolar foi reduzida, postergando-se o seu ensino para os momentos em que fosse necessário prestar os difíceis exames de algumas escolas civis ou militares de excelência por meio dos cursos especiais preparatórios.

O trabalho do Professor Ivan Mendes resgata a seriedade dos tempos e dos livros que não se encontram mais hoje em dia, trazendo aquilo que tinham de melhor: a aventura do ensino e da aprendizagem da matemática por meio de problemas e questões que induzem o domínio progressivo dos conceitos e das relações propostas pela disciplina.

Além de transformar a satisfação das etapas vencidas em incentivo para superação dos capítulos que se sucedem, a MATEMÁTICA PARA OS CONCURSOS DOS COLÉGIOS MILITARES valoriza a linguagem simples, acessível e concisa na apresentação dos conteúdos para centrar o foco nos desafios de um conjunto de exercícios que se estendem gradativamente da aplicação das noções elementares até as proposições mais complexas que são cobradas em diversos concursos.

Sobre o Professor Ivan pode-se dizer que conhece do riscado, e conta com uma experiência pedagógica invejável na preparação, orientação e motivação dos alunos para os mistérios da compreensão conceitual para além do domínio da mecânica de exercícios repetitivos.

Trata-se de um livro que merece a atenção não só dos educadores e dos professores de matemática, como também daqueles que têm interesse em explorar a linguagem, o raciocínio rigoroso e as inúmeras aplicações práticas da disciplina.

Esperamos que este volume seja apenas o primeiro de uma coleção, e certamente contribuirá para a difusão do ensino responsável e de qualidade dos quais somos tão carentes nos dias de hoje.

Flavio Martins Jodas Lopes

Apresentação

A cada início de ano letivo, nos vinte anos que me dedico ao ensino da Aritmética para alunos que pretendem conquistar uma vaga no concurso de admissão ao 6º ano do Colégio Militar do Rio de Janeiro, defronto-me com a dificuldade da escolha de um livro texto que contenha todos os itens do programa e que permita familiaridade com os diversos tipos de problemas exigidos nas provas de admissão.

O trabalho que ora apresento procura preencher essa lacuna, proporcionando ao aluno uma obra que, além de integrar os tópicos teóricos dos editais às questões apresentadas em provas anteriores recentes dos doze colégios militares, relaciona as principais referências bibliográficas adotadas no concurso.

Saliente-se também que esse material, destinado ao 6º ano do primeiro grau, permite um excelente aproveitamento para aqueles alunos que desejam concorrer às vagas oferecidas nos colégios de aplicação estaduais e federais, caso do Cap-Uerj, Cap-UFRJ e Colégio Pedro II no Rio de Janeiro.

Todos os capítulos apresentam uma síntese da teoria e alguns exercícios solucionados, seguidos pelas questões formuladas nos concursos dos colégios militares e gabaritos correspondentes.

Agradeço desde já as críticas e as sugestões dos nossos leitores no e-mail: ivan.mendes@oi.com.br.

Prof. Ivan Mendes

Agradecimentos

Existem pessoas que conhecemos e que, de alguma forma, deixam um pouco da sua genialidade tatuada em nossa mente, produzindo uma mutação na nossa forma de raciocinar. Essas novas características adquiridas são processos de evolução do nosso ser, pois todo homem está sempre recebendo ajuda dos outros, porque tem o dom de extrair deles o melhor.

Dessa forma, seria insustentável se não fizéssemos menção ao grande mestre Sérgio Lins, ao incomparável professor Eduardo Lepletier, ao respeitável professor Lacerda, aos grandiosos mestres Lincoln e Orozimbo e, por fim, ao amigo e responsável pelo prefácio deste livro, Mestre em Ciência Política, Senhor Flávio Martins Jodas Lopes.

Prof. Ivan Mendes

Principais Siglas

CMRJ - Colégio Militar do Rio de Janeiro

CMSM - Colégio Militar de Santa Maria

CMB - Colégio Militar de Brasília

CMS - Colégio Militar de Salvador

CMBH - Colégio Militar de Belo Horizonte

CMR - Colégio Militar de Recife

CMPA - Colégio Militar de Porto Alegre

CMF - Colégio Militar de Fortaleza

CMCG - Colégio Militar de Campo Grande

CMJF - Colégio Militar de Juiz de Fora

CMM - Colégio Militar de Manaus

CMC - Colégio Militar de Curitiba

Sumário

Capítulo 1
Divisibilidade 1

    Alguns Critérios da Divisibilidade 1
        Outros Critérios Pautados na Composição dos Fatores Primos 3
    Restos de Números com Expoente 4
        Determinação de uma Letra em uma Sucessão Repetida 5
        Determinação do Algarismo das Unidades em uma Potência 5
        Determinação do dia da Semana em um Ano Qualquer 5
    Questões dos Colégios Militares 6

Capítulo 2
Números Primos 17

    Números Compostos 17
        Números Primos Entre Si ou Números Primos Relativos 17
        Números Primos Entre Si Dois a Dois 18
        Reconhecimento de um Número Primo 18
        Decomposição em Fatores Primos (fatoração) 19

Determinação dos Divisores Naturais de um Número 20
Cálculo da Quantidade de Divisores Naturais de um Número (Qd) 21
Cálculo da Quantidade de Divisores Ímpares de um Número (Qdi) 21
Cálculo da Quantidade de Divisores Pares de um Número (Qdp) 22
Questões dos Colégios Militares 22

Capítulo 3
Múltiplos e Divisores 33

Quadrado Perfeito 33
Cubo Perfeito 33
Tranformar um Número, Através de uma Operação, em Quadrado ou Cubo Perfeito 34
Cálculo de Quantos Zeros Teremos no Final do Produto de uma Sucessão de Números Inteiros a Partir do 1 35
Quantidades de Múltiplos de um Número em um Intervalo 36
Questões dos Colégios Militares 37

Capítulo 4
Mínimo Múltiplo Comum 45

Métodos para Determinação do MMC 45
Mínimo Múltiplo Comum x Restos 47
Dados o MMC e a Soma ou a Diferença entre Dois Números 47
Questões dos Colégios Militares 48

Capítulo 5
Máximo Divisor Comum 65

Métodos para Determinação do MDC 65
Máximo Divisor Comum x Restos 67
Dados o MDC e a Soma ou a Diferença entre dois Números 67
Problemas que Envolvem MDC e Figuras Fechadas ou Abertas 68

Questões dos Colégios Militares 70

Capítulo 6
Sistema de Numeração 85

Base de um Sistema de Numeração 85
Sistema de Numeração Decimal 85
    Valor do Algarismo no Número 87
Sistema de Numeração Romana 87
    Regras no Emprego dos Algarismos Romanos 87
Números Naturais (N) 89
Números Inteiros (Z) 89
Sucessão de Números 89
Números Pares 89
Números Ímpares 89
Sucessão dos Números Pares ou Ímpares 89
    Quantidade de Números em uma Sucessão de Naturais 90
    Quantidade de Números Pares ou Ímpares em uma Sucessão 90
    Fórmula para Calcular a Quantidade de Algarismos em uma Sucessão de 1 até n 90
Decomposição dos Números (forma polinomial) 91
Características de um Número de Dois Algarismos com a Inversão das Ordens 91
Acréscimo de Algarismos em um Número 91
Quantidade de Vezes que um Algarismo Significativo Aparece em uma Sucessão 91
Questões dos Colégios Militares 92

Capítulo 7
Números Naturais e Inteiros 113

As Operações Fundamentais 113
Adição 113

Propriedades 113
Subtração 114
Propriedades 114
Princípios Gerais 115
Complemento Aritmético 115
Multiplicação 115
Número de algarismos do produto 116
Propriedades 116
Divisão 117
Expressões Numéricas Envolvendo Sinais de Associação ou Agregação 118
Exercícios Resolvidos 118
Questões dos Colégios Militares 120

Capítulo 8
Números Fracionários 133

Fração 133
Classificação das Frações 134
Simplificação de Frações 137
Operações Fundamentais 137
Propriedade Fundamental 139
A Unidade Dividida por dois Números Consecutivos 139
Questões dos Colégios Militares 140

Capítulo 9
Números Decimais 161

Leitura do Número Decimal 162
Conversão de uma Fração Decimal em um Número Decimal 162
Conversão de um número decimal em uma fração decimal 162
Propriedades 162
Operações Fundamentais 163
Divisão com Quocientes Aproximados 164

Arredondamento 164
Notação Científica 165
Características de Fatores Racionais que são Maiores do que Zero e Menores do
que um 165
Questões dos Colégios Militares 165

Capítulo 10
Dízimas 179

Representações de uma Dízima Periódica 179
Conversão de Fração Ordinária em Número Decimal 180
Fração Geratriz da Dízima Periódica Simples 181
Fração Geratriz da Dízima Periódica Composta 181
Caso Especial de Dízima Periódica 182
Operações com Dízimas Periódicas 182
 Critérios para Identificação de Dízimas por meio de Frações Irredutíveis 182
 Exercícios Resolvidos 184
Questões dos Colégios Militares 185

Capítulo 11
Potenciação 189

Expoente Igual a um (1) 190
Expoente Igual a Zero (0) 190
Expoente Negativo 190
Operações 191
Cuidados Especiais 192
Questões dos Colégios Militares 193

Capítulo 12
Porcentagem ou Percentagem 205

Porcentagem de um Número em Relação a Outro 205

Taxa Unitária ≠ Taxa Percentual 205
Aumento Percentual 206
Desconto Percentual 206
Aumentos Sucessivos 206
Descontos Sucessivos 207
Questões dos Colégios Militares 208

Capítulo 13
Sistema de Medidas 227

A História do Sistema Métrico Decimal 227
Medidas de Comprimento 228
Medidas de Área 228
Medidas de Volume 229
Medidas de Massa 229
Medidas de Capacidade 229
Medida de Tempo 229
Sistema Monetário Brasileiro 231
Questões dos Colégios Militares 231

Capítulo 14
Área de Figuras Planas 247

Área do Retângulo 247
Área do Quadrado 247
Nomenclatura dos Polígonos 249
Perímetro 249
  Áreas de Figuras que se utilizam de pequenos Quadrados de área 1(um) 249
Questões do Colégios Militares 250

Capítulo 15
Volume de Sólidos 267

Paralelepípedo Retângulo 267

Cubo ou Hexaedro Regular 267
Pintando o Cubo e Dividindo em Cubinhos 268
Questões dos Colégios Militares 269

Gabaritos 289

Capítulo 1 289
Capítulo 2 289
Capítulo 3 290
Capítulo 4 290
Capítulo 5 291
Capítulo 6 291
Capítulo 7 292
Capítulo 8 293
Capítulo 9 293
Capítulo 10 294
Capítulo 11 294
Capítulo 12 294
Capítulo 13 295
Capítulo 14 296
Capítulo 15 296

Referências Bibliográficas 297

Capítulo 1

Divisibilidade

Alguns Critérios da Divisibilidade

Por 2: Um número é divisível por dois quando for par.
Exemplo 1: 26 (é par)
Exemplo 2: 30 (é par)

Por 3: Um número é divisível por três, quando a soma dos valores absolutos de seus algarismos for múltiplo de três.
Exemplo: 312 é divisível por três, pois 3+1+2 = 6 (múltiplo de três).

Por 4: Um número é divisível por quatro quando termina em dois zeros, ou quando o número formado pelos dois últimos algarismos da direita é múltiplo de 4.
Exemplo 1: 3100 é divisível por quatro.
Exemplo 2: 2116 é divisível por quatro.

Por 5: Um número é divisível por cinco, quando termina em zero ou cinco.
Exemplo 1: 210 é divisível por cinco.
Exemplo 2: 805 é divisível por cinco.

Por 6: Um número é divisível por seis, quando é divisível por dois e por três simultaneamente.
Exemplo: 312 é divisível por seis, pois é divisível por 2 e também por 3.

Por 7: Um número será múltiplo de sete:

1°) Quando tiver menos de quatro algarismos:
- Somando o algarismo das unidades com o triplo do algarismo das dezenas e o dobro do algarismo das centenas, obtivermos um múltiplo de sete.
Exemplo: 147 ⇨ 7 + 3 x 4 + 2 x 1 = 7 + 12 + 2 = 21

2°) Quando tiver mais de três algarismos:
- A diferença entre a soma das classes ímpares com a soma das classes pares, obtivermos um múltiplo de sete.
Exemplo : 149.905 ⇨ 905 – 149 = 756 é múltiplo de sete.

Por 8: Todo número cujos três algarismos da direita formarem um número divisível por 8, será também divisível por 8.
Exemplo : 31.816 ⇨ 816 é divisível por 8.

Por 9: Um número é divisível por nove quando a soma dos valores absolutos de seus algarismos for múltiplo de nove.
Exemplo: 729 é divisível por nove, 7 + 2 + 9 = 18 (é múltiplo de 9).

Por 10: Um número é divisível por dez quando termina em zero.
Exemplo: 320 é divisível por dez.

Por 11: Um número é divisível por onze quando a diferença entre a soma dos algarismos de ordem ímpar com a soma dos algarismos de ordem par for múltiplo de onze:
Exemplo: 7128 é divisível por 11, pois (8 + 1) - (2 + 7) = 0

Observação:
1) Se um número é divisível por outro, o resto dessa divisão é igual a zero.
2) Se um número é divisível por outro, diz-se também que ele é múltiplo desse outro.

Por 13: Separamos as unidades simples do número para quadruplicar esse valor, logo após somá-lo a quantidade de dezenas do número separado. Se o resultado for múltiplo de 13, o número será múltiplo de 13.

Exemplo: 221

22	1
	X4
	4

⇨

22	1
+4	X4
26	④

⇨ 26 é multiplo de 13

Por 17: Separamos as unidades simples do número para quintuplicar esse valor, logo após deduzi-lo da quantidade de dezenas do número separado. Se o resultado for múltiplo de 17, o número será múltiplo de 17.

Exemplo 1: 391 ⇨ 34 é multiplo de 17

39	1
	X5
	5

39	1
-5	X5
34	⑤

Exemplo 2: 437 ⇨ 8 não é multiplo de 17

43	7
	X5
	35

22	7
-35	X5
8	㉟

Outros Critérios Pautados na Composição dos Fatores Primos

Por 12

```
12 | 2 ⎫
 6 | 2 ⎬ ④
 3 | 3
 1 |
```

Simultaneamente por 3 e por 4.

Por 14

```
14 | 2
 7 | 7
 1 |
```

Simultanemente por 2 e por 7.

Por 15

```
15 | 3
 5 | 5
 1 |
```

Simultaneamente por 3 e por 5.

Por 18

```
18 | ②
 9 | 3 ⎫
 3 | 3 ⎬ ⑨
 1 |
```

Simultanemente por 2 e por 9.

Observação:
O critério da divisibilidade por 7, com um número com mais de três algarismos, descrito anteriormente, serve também para os critérios de divisibilidades por 11 e por 13, ou seja, a diferença entre a soma das classes ímpares com a soma das classes pares.

Exemplo 1: 43.824 é múltiplo de 11, pois 824 – 43 = 781 que é múltiplo de 11.
Exemplo 2: 3.029 é múltiplo de 13, pois 029 – 3 = 26 que é múltiplo de 13.

Restos de Números com Expoente

01. Calcule o resto da divisão do número 137^{61} por 5:

Solução:
    Calculamos os restos das divisões desses números, em três etapas:

1ª) Descobrimos o resto da divisão desses números sem o expoente;
Exemplo: $137^{61} : 5$ ⇨ $137 : 5$ ⇨ $\boxed{resto = 2}$

2ª) Agora calculamos as potências consecutivas do número encontrado na 1ª etapa, para depois dividirmos pelo divisor da questão;

⇨ $137 : 5$ ⇨ $r = 2$

⇨ $2^2 = 4 : 5$ (não pode, então) ⇨ $r = 4$

⇨ $2^3 = 8 : 5$ ⇨ $r = 3$
⇨ $2^4 = 16 : 5$ ⇨ $r = 1$

⇨ $2^5 = 32 : 5$ ⇨ $r = 2$

3ª) Observamos quando haverá a repetição dos restos das divisões consecutivas das potências. Esse ciclo de repetição será o divisor de uma divisão onde o dividendo será o expoente que foi omitido na 1ª etapa;

⇨ $r = 2$
⇨ $r = 4$
⇨ $r = 3$ } Ciclo de Repetição de 4 em 4   61 | 4
⇨ $r = 1$

⇨ $r = 2$

4ª) Da divisão da etapa anterior, só nos interessa o resto, pois esse mantém uma correspondência com os restos das divisões consecutivas, ou seja, se o resto for 1, corresponderá ao primeiro resto, se for 2, corresponderá ao segundo resto, se for zero, o resto será o último.

$r_1 = 2$
              61 | 4
$r_2 = 4$ 1

$r_3 = 3$

$r_0 = 1$ Desta forma, o resto da divisão de $137^{61} : 5$ é 2.

Nota: O primeiro resto encontrado será o r_1, sendo o último, r_0.

Determinação de uma Letra em uma Sucessão Repetida

01. Determine a letra que ocupa a 88ª posição na sucessão ABCABCABCABC..........:

Solução:
   Repare que o ciclo de repetição é três, ou seja, ABC, então a divisão da posição pretendida (88) será por três, onde os restos possíveis seriam 1 (A), 2 (B) ou 0 (C).

   Dividindo 88 por 3 encontramos como resto 1, ou seja, a letra A.

Determinação do Algarismo das Unidades em uma Potência

01. Determine o algarismo das unidades do resultado de 3^{300}:

Solução:
   Encontraremos os resultados de todos os expoentes, a partir do 1, da base 3, para detectarmos o ciclo de repetição:

   ⇨ $3^1 = 3$ (algarismo das unidades) Resto 1
   ⇨ $3^2 = 9$ (algarismo das unidades) Resto 2
   ⇨ $3^3 = 7$ (algarismo das unidades) Resto 3
   ⇨ $3^4 = 1$ (algarismo das unidades) Resto 0
   ⇨ $3^5 = \mathbf{3}$ (algarismo das unidades) REPETIU

   > Sendo o ciclo de 4 em 4, teremos como resto da divisão de 300 por 4 igual a zero, ou seja, o algarismo das unidades é o 1.

Determinação do dia da Semana em um Ano Qualquer

01. Se 05/03/2008 é 4ª feira, quando será 05/03/2013?

Solução:
   Encontraremos o resultado em quatro etapas:
   1ª) Vamos calcular, no intervalo dado, quantos anos são, transformados em dias,

considerados todos com 365 dias.
⇨ 2013 – 2008 = 5 anos x 365 dias = 1825 dias.

2ª) Sendo a data, em ambos, a mesma, 05/03, devemos somar mais 1 dia.
⇨ 1825 dias + 1 dia = 1826 dias

3ª) No intervalo dado, vamos descobrir quantos anos bissextos existem. Cada ano bissexto encontrado, teremos que adicionar mais 1 dia.
⇨ Anos Bissextos (Anos múltiplos de quatro que não terminem em dois zeros, caso terminem que sejam múltiplos de 400): apenas o ano 2012.
⇨ 1826 dias + 1 dia = 1827 dias

4ª) Agora vejamos quantos dias da semana existem, começando pelo dia já determinado, isto é, 4ª feira, e estabeleçamos a relação com os restos possíveis da divisão:

4ª feira	5ª feira	6ª feira	sábado	domingo	2ª feira	3ª feira
Resto 1	Resto 2	Resto 3	Resto 4	Resto 5	Resto 6	Resto zero

Daí dividiremos 1827 por 7, dando resto igual a zero, ou seja, 3ª feira.

Questões dos Colégios Militares

01. (CMRJ/94) Nas indicações seguintes, x, y e z representam algarismos de um numeral. O número correspondente a "524x" é divisível por 6 e o que corresponde a "81y4" deixa resto 10 na divisão por 11. Qual deve ser o algarismo z para que o número de numeral "xyz" deixe resto 1 na divisão por 9?

a) 0
b) 9
c) 8
d) 7
e) 6

02. (CMRJ/95) No numeral 257N4563N931, a letra N está representando um algarismo. Se a divisão do número correspondente por 9 deixa resto 3, então N é igual a:

a) 0
b) 3

c) 5
d) 6
e) 8

03. (CMRJ/97) O resto da divisão da expressão abaixo por 5 é:

$$(248^2 + 5.829) \times 4.291 + 7.632$$

a) 4
b) 3
c) 2
d) 1
e) 0

04. (CMRJ/00) Na adição abaixo indicada, o □ deve ser substituído por um algarismo de modo que, ao mesmo tempo, a primeira parcela seja divisível por 3 e a segunda parcela deixe resto 2 na divisão por 11. Feita a substituição, a soma obtida será:

a) um número múltiplo de 6;
b) um número múltiplo de 8;
c) um número múltiplo de 11;
d) um número múltiplo de 101;
e) um número primo.

```
    7 1 4 □
  + 2 □ 6 1
```

05. (CMRJ/05) Seja n um numeral de três algarismos distintos. Analise as afirmativas abaixo, referentes a n, e em seguida, assinale a opção correta.

I. Se n representa o menor número possível divisível por 2, então esse número é, também, divisível por 6.
II. Se n representa o maior número possível divisível por 4, então esse número é, também, divisível por 3.
III. Se n representa o maior número possível divisível por 11, então esse número é par.

a) Somente a afirmativa I é verdadeira.
b) Somente a afirmativa II é verdadeira.
c) Somente a afirmativa III é verdadeira.
d) Somente a afirmativa I e II são verdadeiras.
e) Todas as afirmativas são verdadeiras.

06. (CMRJ/06) Assim que chegou á Caverna das Caveiras, Barba Negra desenterrou uma garrafa que continha um pedaço de papel com a seguinte informação: "Caminhe no sentido da Cachoeira Véu da Noiva, tantos quilômetros quanto for o valor de **n** para que o resultado da expressão: $5 \times 10^5 + 2 \times 10^4 + 4 \times 10^3 + 530 + n$ seja divisível por 11, sabendo que **n** é um número natural menor que 10." Podemos, então, afirmar que Barba Negra caminhou:

a) 1 km
b) 5 km
c) 6 km
d) 8 km
e) 9 km

07. (CMRJ/08) Estudando divisibilidade com alguns colegas, um aluno do CMRJ criou, para ser resolvido pelo grupo, um exercício novo, parecido com o que ele vira em outro livro didático: escreveu uma expressão numérica e, em seguida, substituiu o algarismo das unidades de um dos numerais da expressão pela letra **a**, fazendo com que ela ficasse assim: 125**a** x 26937 + 2658; impôs que o resto da divisão do resultado dessa expressão por 5 fosse 1. Considerando essas condições, o aluno pediu para que os colegas calculassem o menor valor possível que poderia ser atribuído ao algarismo representado pela letra **a**. Podemos garantir que esse menor valor possível é:

a) 3
b) 4
c) 6
d) 7
e) 8

08. (CMB/05) Considere os números naturais que podem ser compostos pelos algarismos XYZZYX, nessa ordem, em que X, Y e Z são algarismos distintos. Se A e B são os dois maiores números naturais divisíveis por 3 e por 5 ao mesmo tempo, obtidos a partir de XYZZYX, pela substituição de X, Y e Z, então A + B é igual a: (As letras iguais XYZZYX representam um mesmo algarismo)

a) 1196680
b) 1192290
c) 597795
d) 594495
e) 591195

09. (CMB/06) Dentre as alternativas abaixo, marque aquela cujo número não é múltiplo de 11:

a) zero
b) 121

c) 242
d) 1111
e) 11111

10. (CMB/06) O número natural N é composto pelos algarismos 1A2A34. Sabendo-se que o algarismo A é o mesmo para ambas as posições citadas em N, determine quantas são as possibilidades para o algarismo A, a fim de que o número N seja múltiplo de 6.

a) 1
b) 3
c) 4
d) 7
e) Nenhuma

11. (CMBH/02) O número natural N possui: b dezenas de milhares, 3 unidades de milhares, 5 centenas, 4 dezenas e b unidades simples. Sabendo-se que N é divisível por 9, podemos afirmar que o algarismo b é igual a:

a) 0
b) 1
c) 2
d) 3
e) 4

12. (CMBH/03) O número par 57a9b, onde a e b são algarismos, é divisível por 3 e por 5. O menor valor possível para a − b é:

a) 0
b) 2
c) 3
d) 6
e) 9

13. (CMBH/04) Sabe-se que o número 58m6, de quatro algarismos, é divisível simultaneamente por 3 e por 4. Então, o algarismo m vale:

a) 1
b) 3
c) 5
d) 7
e) 9

14. (CMBH/05) O produto de um número natural de 3 algarismos por 3 tem como resultado um número terminado em 907. A soma dos valores dos algarismos desse número natural de 3 algarismos vale:

a) 26
b) 25
c) 24
d) 18
e) 16

15. (CMBH/05) O algarismo das unidades (unidades simples) do número 9^{998} vale:

a) 9
b) 8
c) 6
d) 3
e) 1

16. (CMBH/06) Um número natural, quando dividido por 12, deixa resto 11. A soma dos restos das divisões desse número por 3 e por 4 é:

a) 5
b) 2
c) 3
d) 7
e) 4

17. (CMBH/06) Sabendo-se que 33.333.331 x 13 = 433.333.303, pode-se afirmar que é múltiplo de 13 o número:

a) 433.333.292
b) 433.333.309
c) 433.333.313
d) 433.333.316
e) 433.333.291

18. (CMBH/07) O algarismo das unidades do número 729 x 153 x 2317 é:

a) 9
b) 7
c) 5

d) 3
e) 1

19. (CMS/06) Paula, para proteger a senha do seu computador que é formada por quatro dígitos, realizou o seguinte procedimento:

01. Tomou três números: A, B e C de seis algarismos e pintou os algarismos da unidade simples com diferentes símbolos, conforme figura abaixo:

A – 12397 ■
B – 99842 ▲
C - 86755 ●

02. Estabeleceu que, para a senha:

⇨ o primeiro dígito seria o algarismo escondido sob o símbolo ■
⇨ o segundo dígito seria o algarismo escondido sob o símbolo ▲
⇨ o terceiro dígito seria o algarismo escondido sob o símbolo ●
⇨ o quarto dígito seria o algarismo da centena de milhar do número A.

Sabendo que:
- o ■ representa o menor valor que torna A divisível por 4;
- o ▲ representa o menor valor que torna B divisível por 5; e
- o ● representa o menor valor que torna C divisível por 6,

a senha de Paula é:

a) 8521
b) 8201
c) 2022
d) 2021
e) 2028

20. (CMS/06) O número máximo de meses com 5 domingos em um ano com 365 dias é:

a) 3
b) 4
c) 5
d) 6
e) 7

21. (CMS/07) Em cada quadrinho abaixo devem ser colocados algarismos de 1 a 5 para formar um número.

Quantas vezes deve ser colocado o algarismo 5 para que o número formado seja o maior múltiplo de 9 possível?

a) 6
b) 5
c) 4
d) 3
e) 2

22. (CMS/07) O número de resultados diferentes que podemos obter somando dois números diferentes de 1 a 50 é:

a) 100
b) 99
c) 98
d) 97
e) 96

23. (CMR/04) O número abaixo é formado por quatro algarismos. O algarismo das dezenas é desconhecido. É correto afirmar que: 9 5☐ 7

a) Esse número pode ser divisível por 2;
b) Esse número pode ser divisível por 5;
c) Esse número pode ser divisível por 9;
d) Esse número pode ser divisível por 6;
e) Esse número pode ser divisível por 10.

24. (CMR/06) No número 7☐ 6, o símbolo ☐ representa o algarismo das dezenas. Então, o algarismo que substitui o ☐ de modo que o numeral obtido seja divisível por 4, 6 e 9, simultaneamente é:

a) um número par;
b) um número primo;
c) um divisor de 9;
d) um divisor de 19;
e) um múltiplo de 6.

25. (CMPA/03) Considere um número natural X com três algarismos. O produto desse número por 7 apresenta 638 como algarismos na classe das unidades simples. Então, a soma dos valores absolutos de todos os algarismos de X será igual a:

a) 17
b) 18
c) 11
d) 9
e) 20

26. (CMPA/06) Qual o menor número que devemos somar a 26.354 para torná-lo múltiplo de 9?

a) 1
b) 5
c) 9
d) 7
e) 2

27. (CMPA/07) Considerando que m é um algarismo significativo e que m111 + m798 + m999 = 22908, podemos afirmar que o número m992 é:

a) divisível por 11;
b) divisível por 12;
c) primo;
d) divisível por 5;
e) divisível por 7.

28. (CMF/05) As letras p e q representam algarismos do número 8p7q. Sabe-se que esse número é divisível ao mesmo tempo por 2, 3, 5, 9 e 10. Podemos afirmar que o valor de p + q é igual a:

a) 0
b) 3
c) 5
d) 8
e) 27

29. (CMF/05) O algarismo das unidades do número que é o produto de 5^{15} por 6^{25} é igual a:

a) 0
b) 3

c) 5
d) 6
e) 8

30. (CMF/06) Das afirmações abaixo sobre divisibilidade, é correto afirmar que:

a) Todo número divisível por 5 é também divisível por 10;
b) Todo número divisível por 3 é também divisível por 9;
c) Todo número divisível por 2 e por 3 é também divisível por 12;
d) Um é divisível por qualquer número;
e) Ao dividir zero por qualquer número diferente de zero o quociente é igual a zero.

31. (CMF/06) A soma dos algarismos do menor natural que devo adicionar a 1107 para que o resultado seja divisível por 85 é:

a) 9
b) 10
c) 11
d) 12
e) 13

32. (CMF/06) A professora de João Lucas pediu que ele dividisse o resultado da soma 43 + 2649 + 369275 + 91234871 por 5. João Lucas encontrou, corretamente, como resto da divisão, o valor:

a) 0
b) 1
c) 2
d) 3
e) 4

33. (CMF/07) No diagrama abaixo, as figuras seguem seqüências de formas e de preenchimentos. A figura que ocupa 2007ª posição é:

Posição	1ª	2ª	3ª	4ª	5ª	6ª	7ª	8ª	9ª	10ª	11ª	....	2007ª
Figura													?

a)

b)
c)
d)
e)

34. (CMCG/05) O número 38a4b é divisível por 2, 3, 5 e 9 onde "a" e "b" são algarismos deste número. Pode-se afirmar que a soma dos algarismos "a" com o algarismo "b" é:

a) 3
b) 4
c) 5
d) 6
e) 7

35. (CMCG/06) Dado o número 70 □1○, onde □ representa o algarismo das centenas e o ○ representa o algarismo das unidades, substituindo as figuras por algarismos que tornem esse número divisível por 2, 5 e 9 ao mesmo tempo, encontraremos para o □ e para o ○, respectivamente, os valores:

a) 2 e 5
b) 1 e 0
c) 7 e 0
d) 3 e 0
e) 5 e 0

36. (CMCG/07) Qual é o menor número que devemos subtrair de 73457 para que este seja um múltiplo de 6?

a) 1
b) 2
c) 3
d) 4
e) 5

37. (CMJF/08) A Páscoa é a mais importante festa da cristandade: comemora-se a ressurreição de Jesus Cristo. Para calcular o dia da Páscoa, dividimos o ano por 19 e somamos 1 ao resto da divisão. O resultado é chamado "número de ouro". Na tabela abaixo, verificamos qual é a data correspondente ao "número de ouro".

A Páscoa ocorrerá no domingo seguinte.

1	14 de abril
2	3 de abril
3	23 de março
4	11 de abril
5	31 de março
6	18 de abril
7	8 de abril
8	28 de março
9	16 de abril
10	5 de abril
11	25 de março
12	13 de abril
13	2 de abril
14	22 de março
15	10 de abril
16	30 de março
17	17 de abril
18	7 de abril
19	27 de março

Desta forma, sabendo que o dia 1º de abril de 2009 será quarta-feira, em que dia será celebrada a Páscoa no ano de 2009?

a) 29 de março
b) 10 de abril
c) 22 de março
d) 12 de abril

38. (CMC/07) O número 3A9 é somado ao número 316 resultando 6B5. Como 6B5 é divisível por 3, qual é o maior valor que B pode ter?

a) 1
b) 3
c) 4
d) 7
e) 9

Capítulo 2

Números Primos

Os números primos admitem apenas dois divisores: ele próprio e a unidade.
    Exemplo 1: 2 é um número primo, pois $D_2=\{1, 2\}$
    Exemplo 2: 3 é um número primo, pois $D_3=\{1, 3\}$

Números Compostos

Admitem mais de dois divisores, finitos.
    Exemplo 1: 4 é um número composto, pois $D_4=\{1, 2, 4\}$
    Exemplo 2: 15 é um número composto, pois $D_{15}=\{1, 3, 5, 15\}$

Observações:
1ª) O conjunto dos números primos é infinito. Exemplo: $\{2, 3, 5, 7, 11, 13, 17, 19, \ldots\}$
2ª) O número 1 não é primo nem composto. Exemplo: $D_1=\{1\}$
3ª) O número zero não é primo nem composto. Exemplo: $D_0=\{1, 2, 3, 4, 5, 6, \ldots\}$
4ª) O número 2 é o menor número primo e o único número par.

Números Primos Entre Si ou Números Primos Relativos

Admite apenas um divisor em comum.
    Exemplo 1: Os números 4 e 5 são primos entre si. ⇨ $D_4 \cap D_5 = \{1\}$
    Exemplo 2: Os números 4, 5 e 6 são primos entre si. ⇨ $D_4 \cap D_5 \cap D_6 = \{1\}$

Números Primos Entre Si Dois a Dois

Admite apenas um divisor em comum em todas as combinações feitas dos números propostos dois a dois.

Exemplo 1: Os números 4, 5 e 6 **não** são primos entre si **dois a dois**, apesar de serem primos entre si.

Combinações
$D_4 \cap D_5 = \{ 1 \}$ sim
$D_5 \cap D_6 = \{ 1 \}$ sim
$D_4 \cap D_6 = \{ 1; 2 \}$ não

Exemplo 2: Os números 4, 9 e 35 são primos entre si **dois a dois** e, também, primos entre si.

Combinações
$D_4 \cap D_9 = \{ 1 \}$ sim
$D_9 \cap D_{35} = \{ 1 \}$ sim
$D_4 \cap D_{35} = \{ 1 \}$ sim

Reconhecimento de um Número Primo

Para reconhecermos se um número é primo, dividimos o número dado, sucessivamente, pelos números primos 2, 3, 5, 7, ... até que o quociente seja menor ou igual ao divisor. Se isso acontecer e a divisão não for exata, dizemos que o número é primo.

Exemplo 1: Verificar se o número 43 é primo:

```
43 | 2
 1 |—— 
   | 21  ——→ maior do que o divisor
   └──→ divisão inexata

43 | 3
 1 |——
   | 14  ——→ maior do que o divisor
   └──→ divisão inexata
```

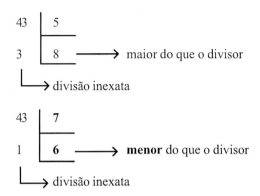

Conclusões:
⇨ Nenhuma dessas divisões é exata;
⇨ O quociente 6 é menor do que o divisor 7;
⇨ Então o número 43 é primo.

Observações:
1ª) Um número par, exceto o 2, será sempre composto.
2ª) Um número de dois ou mais algarismos que termine em 5 nunca será primo.
3ª) Os números de dois ou mais algarismos que terminem em 1, 3, 7 ou 9 podem ser primos.
4ª) Os divisores de um número, diferente dele mesmo, são denominados "Divisores Próprios".

Decomposição em Fatores Primos (fatoração)

Decomponha o número 140.

Procedimento:

⇨ Escrevemos o número dado à esquerda de uma barra vertical.
    140 |

⇨ Dividimos o número 140 pelo menor número primo possível. Nesse caso, é o 2.
    140 | 2
     70 |

⇨ Voltamos a dividir o quociente, que é 70, pelo menor número primo possível.

140	2
70	2
35	

⇨ O processo é repetido, até que o quociente seja 1.

140	2
70	2
35	5
7	7
1	

⇨ Então multiplicamos os fatores primos encontrados. Caso haja fatores repetidos, utilizaremos a propriedade da potenciação, ou seja, conservaremos as bases e somaremos os expoentes.

$140 = \mathbf{2 \times 2} \times 5 \times 7$
$140 = \mathbf{2^2} \times 5 \times 7$

Determinação dos Divisores Naturais de um Número

Decompomos o número em fatores primos, traçamos outra vertical à direita da decomposição.
Exemplo: nº 60

60	2
30	2
15	5
3	3
1	

Acima e à direita do novo traço, escrevemos um número que é divisor de qualquer número, ou seja, o número 1(um).

60	2	①
30	2	
15	5	
3	3	
1		

Multiplicamos cada um dos fatores da decomposição pelo número 1 e pelos seus resultados, não repetindo os resultados iguais.

60	2	① 2x1=②
30	2	2 x 2 =④
15	3	3 x 1 = 3 , 3 x 2 = 6 , 3 x 4 =⑫
5	5	5 x 1 = 5 , 5 x 2 = 10 , 5 x 4 = 20 , 5 x 3 = 15 , 5 x 6 = 30 , 5 x 12 =㊅⓪
1		

Além do número 1, todos os resultados encontrados nas operações à direita do segundo traço vertical serão os divisores do número dado.

$D_{60} = \{1, 2, 3, 4, 5, 6, 10, 12, 15, 20, 30, 60\}$

Cálculo da Quantidade de Divisores Naturais de um Número (Q_d)

Dado um número decomposto em fatores primos, a quantidade de divisores é igual ao produto das somas dos expoentes de cada um dos fatores primos da decomposição com a unidade.

Exemplo: nº 40 $40 = 2^3 . 5^1$ ⇨ $Q_d = (3+1) \times (1+1)$ ⇨ $Q_d = 4 \times 2 = 8$

Nota: Se quiséssemos o cálculo da quantidade de divisores **inteiros** ou, ainda, da quantidade **máxima** de divisores do número 40, multiplicaríamos o resultado por dois.

Observe:
⇨ 8 divisores naturais: $D_{40} = \{1, 2, 4, 5, 8, 10, 20, 40\}$
⇨ 16 divisores inteiros: $D_{40} = \{1, 2, 4, 5, 8, 10, 20, 40, -1, -2, -4, -5, -8, -10, -20, -40\}$

Cálculo da Quantidade de Divisores Ímpares de um Número (Q_{di})

Dado um número decomposto em fatores primos, a quantidade de divisores ímpares é igual ao produto das somas dos expoentes dos fatores primos ímpares da decomposição com a unidade.

Exemplo: nº 360 $360 = 2^3 . 3^2 . 5^1$ ⇨ $Q_{di} = (2+1) \times (1 \times 1)$ ⇨ $Q_{di} = 3 \times 2 = 6$

Cálculo da Quantidade de Divisores Pares de um Número (Q_{dp})

Dado um número decomposto em fatores primos, a quantidade de divisores pares é igual ao produto do expoente do fator primo par pelas somas dos expoentes dos outros fatores primos da decomposição com a unidade.

Exemplo: nº 360 $360 = 2^3 . 3^2 . 5^1 \Rightarrow Q_{dp} = \mathbf{3} \times (2+1) \times (1+1) \Rightarrow Q_{dp} = 3 \times 3 \times 2 = 18$

Questões dos Colégios Militares

01. (CMRJ/96) No Município de Carapebus, o número de votos do primeiro colocado foi igual ao maior múltiplo de 7 menor que 1.900 e o número de votos do segundo colocado foi igual ao menor múltiplo de 7 maior que 1650. A diferença do número de votos do primeiro para o segundo colocado é um número que possui:

a) 6 divisores
b) 5 divisores
c) 4 divisores
d) 3 divisores
e) 2 divisores

02. (CMRJ/96) O Governo da União fixou em 546.741 o número máximo de funcionários das empresas públicas federais. Ao ler esta notícia, um estudante resolveu escrever esse numeral decomposto em fatores primos. Nos cálculos feitos, deparou-se com um numeral de quatro algarismos, que concluiu ser número primo. O elemento do conjunto dos números primos {2, 3, 5, 7, 11, 13, 17, 19, 23, 29, 31, 37, 41, 43, 47, 53, 59, 61, 67, 71, 73, 79, 83, 89, 97, 101, 103, 107, 109,......} que levou o estudante a essa última conclusão foi:

a) 13
b) 47
c) 59
d) 71
e) 109

03. (CMRJ/97) O número $5^4 \times 7^3 \times 11 \times 17$ tem oitenta divisores naturais distintos. Se multiplicarmos esse número por 7, o número de divisores não primos desse novo número será:

a) 83
b) 96

c) 100
d) 556
e) 560

04. (CMRJ/01) Complete a lacuna, usando uma das palavras citadas nas alternativas abaixo:

Se da soma dos dois primeiros números naturais primos maiores que 200 retirarmos uma dezena, obteremos o _____ do dobro do primeiro número natural primo maior que 50.

a) dobro
b) triplo
c) quádruplo
d) sêxtuplo
e) óctuplo

05. (CMB/00) Um número é dito perfeito se a soma dos seus divisores positivos, com exceção dele próprio, é igual a ele. Dos números abaixo, o único perfeito é:

a) 60
b) 63
c) 18
d) 28
e) 64

06. (CMB/02) Existem três números cuja forma fatorada pode ser escrita como $3^a \cdot 5^b$ tal que, a + b = 4, com a ≠ 0 e b ≠ 0. Quais são esses números?

a) 45, 125 e 375
b) 45, 150 e 375
c) 135, 225 e 375
d) 135, 150 e 375
e) 45, 225 e 375

07. (CMB/03) Pedro, Marcos e João são três irmãos: As suas idades coincidiram de tal forma que cada uma das mesmas possui apenas dois divisores naturais. O produto das três idades é 195. Sendo Pedro o mais novo e João o mais velho. Qual a idade de Marcos?

a) 3
b) 4
c) 5

d) 13
e) 8

08. (CMB/04)

⇨ Em **1453**, Gutemberg imprimiu a 1ª obra: a Bíblia Sagrada.
⇨ Em **1642**, Blaise Pascal construiu a 1ª calculadora mecânica.
⇨ Em **1890**, Herman Hollerith realizou o 1º processamento de dados.
⇨ Em **1908**, Henry Ford instalou a 1ª linha de montagem de automóveis.
⇨ Em **1944**, surgiu o Mark I, o 1º computador eletrônico.

Dentre as alternativas seguintes, assinale a única que está correta:

a) O número 1890 tem 24 divisores;
b) 1890 e 1908, por serem números formados pelos mesmos algarismos e possuírem quatro ordens e duas classes, têm a mesma quantidade de divisores;
c) No intervalo de 1642 a 1944, incluindo os extremos, há o total de 302 números inteiros;
d) Decomposto 1944 em fatores primos, encontramos $1944 = 2^a \times 3^{a+2}$, sendo a = 3;
e) 1453 não é múltiplo de 2, nem de 3, nem de 5, nem de 7, mas é múltiplo de 11.

09. (CMB/05) João perguntou a Pedro qual a sua idade. Pedro, sabendo que João iria prestar concurso para a 5ª série do Colégio Militar de Brasília, respondeu da seguinte forma: "Minha idade corresponde à quantidade de divisores naturais do número 223^{11}". Qual a idade de Pedro?

a) 22
b) 23
c) 10
d) 11
e) 12

10. (CMB/05) A soma dos números naturais menores que 100, que possuem exatamente três divisores naturais, é igual a:

a) 25
b) 87
c) 112
d) 121
e) 169

11. (CMB/05) O número natural de três algarismos 41X é primo. Dessa forma, quantas são as possibilidades para o algarismo desconhecido X?

a) nove
b) seis
c) duas
d) uma
e) nenhuma

12. (CMB/05) Qual o quadrado do menor número natural diferente de zero pelo qual devemos multiplicar 270 para que o novo produto encontrado tenha exatamente 36 divisores?

a) 100
b) 30
c) 25
d) 10
e) 4

13. (CMB/06) Marque a alternativa que não contém um número primo:

a) 1
b) 2
c) 37
d) 97
e) 101

14. (CMB/06) Determine a quantidade de divisores naturais do número 2048:

a) 2
b) 11
c) 12
d) 256
e) 1024

15. (CMB/06) Fatorando-se o número 2021, observa-se que o mesmo é decomposto em dois números naturais primos, A e B. Determine o valor do produto de B por A:

a) 2021
b) 1549
c) 1954
d) 47
e) 43

16. (CMB/06) Marque a alternativa incorreta:

a) O único natural primo par é o número 2;
b) Um número natural é divisível por 9 quando a soma dos algarismos resultar em um número que seja múltiplo de 9;
c) Um número natural é múltiplo de 6 quando for múltiplo de 2 e 3, ao mesmo tempo;
d) Um número natural é divisível por 4 quando a soma dos seus algarismos for um múltiplo de 4;
e) Todo número primo é divisível somente por 1 e por ele próprio.

17. (CMB/06) Sabendo que o número natural $N = 2^x \cdot 5$ possui exatamente 6 divisores naturais, determine o valor de N, sabendo que x é um número natural:

a) 3
b) 20
c) 216
d) 648
e) 1296

18. (CMB/07) A forma fatorada do número 312 é $2^a \cdot 3^b \cdot 13^c$. Quanto vale $a^2 + b^3 + c^{13}$?

a) 11
b) 10
c) 8
d) 6
e) 5

19. (CMB/07) Dois professores de Matemática do CMB têm, cada um, mais de 34 anos de idade e menos de 39 anos. Fatorando-se essas idades, verifica-se que cada uma tem apenas 2(dois) fatores primos e que esses 4 (quatro) fatores são todos distintos.

Considerando esses quatro números primos, analise os itens seguintes:

I- O produto entre o maior e o menor número primo é inferior a 38;
II- A soma dos dois números primos menores é superior a 6;
III- A soma dessas idades é inferior a 75;
IV- O máximo divisor comum entre essas duas idades é superior a 1.

Está correto o que se afirma em:

a) I e II
b) II e III

c) III e IV
d) I, II e III
e) II, III e IV

20. (CMBH/04) Seja o número N = 3 x 6 x 9 x 12 x 15 x 20 x 25 x 27. Então, o número de divisores de N é:

a) um quadrado perfeito
b) um número ímpar
c) um múltiplo de 9
d) um múltiplo de 12
e) um divisor de 100

21. (CMBH/05) Um número possui como fatores primos apenas os 5 primeiros números primos ímpares existentes. Esse número é maior que 30.000 e menor que 50.000. A soma dos valores absolutos dos algarismos da primeira classe desse número é:

a) um número primo
b) um divisor de 3
c) um múltiplo de 9
d) um número par
e) um múltiplo de 5

22. (CMBH/05) Números primos são os números naturais que possuem apenas dois divisores: o número 1 e ele mesmo. O único número abaixo que não representa um número primo é:

a) 3541
b) 2419
c) 1567
d) 2633
e) 3251

23. (CMBH/07) Sejam os conjuntos A, dos números primos, B dos números pares e N, dos Naturais. Podemos afirmar que:

a) $A \cap B = \varnothing$
b) $A \cup B = N$
c) $A \cap B$ possui um único elemento
d) $A \cap B = A$
e) $A \cap B = B$

24. (CMBH/08) O número 23 é primo. Sendo assim, identifique a alternativa em que a quantidade de lados de um polígono é o sucessor do número encontrado quando do primeiro número primo formado por dois algarismos diferentes, subtrai-se o segundo número primo ímpar:

a) heptágono
b) octógono
c) eneágono
d) decágono
e) icoságono

25. (CMS/02) A quantidade de divisores do número 50 é:

a) 5
b) 6
c) 8
d) 10
e) 15

26. (CMSM/03) No quadro seguinte estão escritos os números de 71 a 90. Risque os números que são divisíveis por 2, por 3 e por 5.

| 71 | 72 | 73 | 74 | 75 | 76 | 77 | 78 | 79 | 80 |
| 81 | 82 | 83 | 84 | 85 | 86 | 87 | 88 | 89 | 90 |

Identifique o número não riscado que não é primo:

a) 73
b) 83
c) 71
d) 89
e) 77

27. (CMSM/07) Na tabela abaixo, encontram-se o número de medalhas conquistadas pelos cinco primeiros países colocados no Pan-2007:

POSIÇÃO	PAÍSES	OURO	PRATA	BRONZE
1º	Estados Unidos	97	88	52
2º	Cuba	59	35	41

3°	Brasil	54	40	67
4°	Canadá	39	43	55
5°	México	18	24	31

Com base na tabela, dos números apresentados, podemos dizer que são primos:

a) 39, 41, 43, 59, 67, 97
b) 31, 41, 43, 59, 67, 97
c) 31, 35, 43, 55, 59, 67
d) 31, 41, 54, 59, 67, 97
e) 41, 43, 59, 67, 88, 97

28. (CMR/06) Pedro precisava resolver o seguinte enigma:

"Se: ♦ + ♦ = ■, ■ + ■ = ♥, ♥ + ♥ = ∗ e ∗ = ♣ e se ♣ equivale ao valor do menor número primo positivo elevado a quarta potência, qual o valor de ■ ?

Se Pedro resolver corretamente o enigma, a resposta encontrada será:

a) 1
b) 2
c) 4
d) 8
e) 16

29. (CMPA/07) Assinale a sequência de números que é formada apenas por números primos:

a) 1, 2, 3, 5, 7, 9, 11, 13;
b) 3, 5, 7, 9, 11, 13, 19, 21;
c) 0, 1, 2, 7, 11, 13, 19, 23;
d) 3, 5, 7, 11, 13, 17, 19, 23;
e) 1, 2, 3, 5, 13, 19, 27, 31.

30. (CMPA/08) O número 8×5^k tem 24 divisores positivos. Então, o valor de k é:

a) 3
b) 4
c) 5
d) 8
e) 11

31. (CMF/05) Ao pensar em um número natural HUGO observou que esse tinha 12 divisores. Ao decompor o número em um produto de fatores primos, deixou rasuras, não sendo possível identificar o expoente do fator 3, como se pode notar abaixo:

$$2^3 \times 3^*$$

O expoente * que ficou sem identificação é igual a:

a) 1
b) 2
c) 3
d) 4
e) 5

32. (CMF/06) Três números naturais diferentes entre si, são maiores que 1 e não são primos. O produto desses números é igual a 240. A soma desses números é igual a:

a) 48
b) 36
c) 24
d) 20
e) 18

33. (CMF/07) A soma de todos os números ímpares e não primos que estão entre 20 e 50 é igual a:

a) 290
b) 208
c) 225
d) 186
e) 274

34. (CMF/08) Lourdite efetuou o produto de três números primos e obteve como resultado o número 385. O produto do maior pelo menor desses números é:

a) 35
b) 55
c) 77
d) 65
e) 45

35. (CMCG/06) Qual dos números abaixo é primo?

a) 143
b) 209
c) 247
d) 437
e) 941

36. (CMM/02) Um certo número natural M é igual a uma multiplicação de cinco números primos distintos. O número de divisores de M é:

a) 12
b) 16
c) 24
d) 32
e) 64

37. (CMM/06) Augusto, Mário e Sílvio são três irmãos cujas idades são números primos. Sabendo-se que o produto das três idades é 195, pode-se afirmar que a soma das idades destes três irmãos será igual a:

a) 207 anos
b) 153 anos
c) 77 anos
d) 65 anos
e) 21 anos

38. (CMC/07) Dois números são considerados "amigáveis" se um é a soma de todos os divisores próprios do outro. Divisores próprios são todos os divisores naturais do número, exceto o próprio número. Qual dos números abaixo é considerado "amigável" do número 20?

a) 10
b) 22
c) 8
d) 42
e) 21

Capítulo 3

Múltiplos e Divisores

⇨ O número zero é múltiplo de qualquer número.
⇨ O número 1(um) é divisor de qualquer número.
⇨ Todo número, diferente de zero, é divisor e múltiplo dele mesmo.
⇨ O número zero não é divisor de nenhum número.
⇨ Se um número é divisível por outro, diz-se também que ele é múltiplo desse outro.
⇨ O conjunto dos múltiplos de zero é finito, enquanto o conjunto dos múltiplos dos demais números naturais é infinito.
⇨ O conjunto dos divisores de zero é infinito, enquanto o conjunto dos divisores dos demais números naturais é finito.
⇨ Um número é múltiplo do outro quando contém os mesmos fatores primos desse outro, elevados a expoentes iguais ou maiores.
⇨ Um número é divisor de outro quando contém somente os fatores primos desse outro, com expoentes menores ou iguais.

Quadrado Perfeito

Quando decomposto em fatores primos, os seus expoentes são múltiplos de dois.
    Exemplo: $2^6 \cdot 3^4$

Cubo Perfeito

Quando decomposto em fatores primos, os seus expoentes são múltiplos de três.
    Exemplo: $2^9 \cdot 7^6 \cdot 11^3$

Tranformar um Número, Através de uma Operação, em Quadrado ou Cubo Perfeito

01. Determinar o menor número inteiro positivo pelo qual devemos multiplicar o número 600 para obtermos um quadrado perfeito:

Solução:
Primeiramente, devemos descobrir quais os fatores primos que compõem o número 600.
$$\Rightarrow 600 = 2^3 \cdot 3 \cdot 5$$

Depois observar a necessidade de cada fator primo para ser um quadrado perfeito quando multiplicado.

$$600 = 2^3 \cdot 3 \cdot 5$$
$$\; 2 \quad 3 \quad 5$$

Ato contínuo, multiplicar os números que cada fator primo necessita para ser um quadrado perfeito.
$$\Rightarrow 2 \times 3 \times 5 = 30$$

02. Determinar o menor número inteiro positivo pelo qual devemos multiplicar o número 600 para obtermos um cubo perfeito:

Solução:
Repetiremos o primeiro passo da questão anterior.
$$\Rightarrow 600 = 2^3 \cdot 3 \cdot 5$$

Dessa vez, observar a necessidade de cada fator primo para ser um cubo perfeito.

$$600 = 2^3 \cdot 3 \cdot 5$$
$$\text{nada} \quad 3^2 \quad 5^2$$

Ato contínuo, multiplicar os números que cada fator primo necessita para ser um cubo perfeito.
$$\Rightarrow 3^2 \times 5^2 = 225$$

Cálculo de Quantos Zeros Teremos no Final do Produto de uma Sucessão de Números Inteiros a Partir do 1

01. No produto dos sessenta e dois primeiros números naturais a partir do número 1, quantos zeros aparecerão no final?

Solução 1:
A quantidade de zeros em um produto depende de quantos fatores primos 2 e 5 foram combinados, pois é a única forma de termos um resultado com final zero.

$$\Rightarrow 30 = \underset{1\,zero}{2 x 5 \times 3} \qquad \Rightarrow 700 = \underset{2\,zeros}{2^2 x 5^2} \times 7 \qquad \Rightarrow 5000 = \underset{3\,zeros}{2^3 x 5^4}$$

(menor expoente)

Dessa forma, a quantidade de zeros é determinado pelo menor expoente entre os fatores primos 2 e 5.

$2^3 \times 5^2 \times 11^2$: termina em dois zeros (menor expoente entre os fatores 2 e 5)

Sabendo disso, em uma sucessão 1 x 2 x 3 x 4 x 5 x ....x 60 x 61 x 62. Devemos procurar quem aparece em menor quantidade entre os fatores primos 2 e 5.

Obviamente que não é o fator primo 2, pois aparece em todos os números pares, 2, 4(2 x 2), 6, 8(2x2x2), 10, 12 (2x2x3),............

Certamente é o fator primo 5, pois aparece apenas nos fatores 5, 10, 15, 20, 25 (5 x 5), 30, 35, 40, 45, 50 (2 x 5 x 5), 55 e 60.

Se contarmos quantos fatores primos 5 aparecem, nessa sucessão, teríamos 5^{14}, ou seja, o resultado terminará com 14 zeros no final.

Solução 2:
Divida por 5 o último número da sucessão; nesse caso. é o 62. Encontrado o quociente, divida-o também por 5, encontrado outro quociente, divida-o novamente por 5 e assim por diante, até não poder mais dividi-lo. Finalmente, a resposta será a soma de todos os quocientes encontrados.

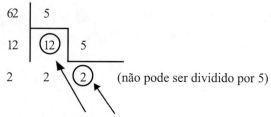

A soma dos quocientes 12 + 2 = 14

02. Decomponha em fatores primos o produto 1 x 2 x 3 x 4 x 5 x ....x 18

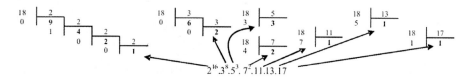

Quantidades de Múltiplos de um Número em um Intervalo

01. Quantos múltiplos de 5 de três algarismos existem?

Solução:

Devemos descobrir os extremos, ou seja, o menor número de três algarismos (100) e o maior número de três algarismos (999).

Em seguida dividi-los por 5.

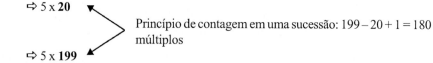

⇨ 5 x **20**

⇨ 5 x **199**

Princípio de contagem em uma sucessão: 199 – 20 + 1 = 180 múltiplos

02. Quantos múltiplos de 8 há entre 12 e 124?

Solução:
Repare que nessa questão já temos os extremos; além disso, utilizou-se da palavra "entre", palavra que exclui os extremos. Dessa forma, os extremos passam a ser 13 e 123.

Em seguida dividi-los por 8.

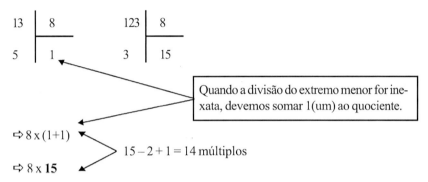

$15 - 2 + 1 = 14$ múltiplos

Questões dos Colégios Militares

01. (CMRJ/93) Considerando como conjunto Universo o conjunto dos números Naturais, examine as afirmativas abaixo:

I) O conjunto dos múltiplos de 1 é um conjunto unitário.
II) Todo número composto tem apenas dois divisores primos.
III) O conjunto dos múltiplos de zero é o conjunto dos números naturais.
IV) O número 1 é múltiplo de todos os números naturais.
V) Todo número primo admite um divisor primo.

a) Todas as afirmativas são falsas;
b) Todas as afirmativas são verdadeiras;
c) Apenas uma afirmativa é verdadeira;
d) Apenas uma afirmativa é falsa;
e) Apenas três afirmativas são verdadeiras.

02. (CMRJ/94) Determinar o quociente da divisão do menor múltiplo de 1995 pelo maior divisor desse mesmo número, ambos diferentes de zero e 1995:

a) 6
b) 5
c) 4
d) 3
e) 2

03. (CMRJ/94) Entre os números abaixo indicados, assinale o maior:

a) $2^{37} \times 3^{12} \times 5^4$
b) $2^{38} \times 3^{13} \times 5^2$
c) $2^{39} \times 3^{11} \times 5^3$
d) $2^{37} \times 3^{14} \times 5^2$
e) $2^{40} \times 3^{12} \times 5^2$

04. (CMRJ/03) O número de vezes que o fator 3 aparece no produto dos números naturais ímpares compreendidos entre 70 e 90 é:

a) 3 vezes
b) 4 vezes
c) 5 vezes
d) 6 vezes
e) 7 vezes

05. (CMB/03) Sobre os números naturais, marque a quantidade de alternativas corretas, de acordo com as afirmativas abaixo:

I- Todo múltiplo de 3, que seja maior que 17, é também múltiplo de 9;
II- A soma de dois números ímpares é sempre um número par;
III- O produto de um número par por um número ímpar é sempre um número par;
IV- O quociente entre qualquer número natural e zero é igual a zero;
V- Todo número terminado em zero ou cinco é múltiplo de dez.

a) Uma alternativa correta
b) Duas alternativas corretas
c) Três alternativas corretas
d) Quatro alternativas corretas
e) Nenhuma alternativa correta

06. (CMB/03) Qual é o menor número natural que devemos subtrair do número 6280, de modo a obter um número cuja divisão por 73 seja exata?

a) 2

b) 10
c) 73
d) 86
e) 6278

07. (CMB/06) Por quanto devemos multiplicar 21 para que o produto seja o sêxtuplo de 231?

a) 11
b) 21
c) 33
d) 66
e) 76

08. (CMB/07) Quanto à divisibilidade e aos critérios de divisibilidade, pode-se afirmar que:

a) todo número natural, divisível por 3, também é divisível por 9;
b) o número natural zero tem um conjunto infinito de divisores;
c) todo número natural, divisível por 10, também é divisível por 5; e todo número divisível por 5 também é divisível por 10;
d) pelo fato de a soma de dois números ímpares ser um número par, temos então alguns números ímpares que são divisíveis por 2;
e) o maior múltiplo de um número natural é ele mesmo.

09. (CMBH/03) Considerando todos os números de 0 a 300, a quantidade de números que não são divisíveis por 5 e nem por 7 é igual a:

a) 196
b) 197
c) 205
d) 206
e) 207

10. (CMF/07) O total de números naturais de quatro algarismos que terminam em 36 e são múltiplos de 36 é igual a:

a) 8
b) 9
c) 10
d) 11
e) 12

11. (CMF/08) Com relação as afirmativas:

I- 2 é divisor de 48.
II- 2 é múltiplo de 48.
III- O único fator primo de 245 é o 5

Podemos afirmar corretamente que:

a) somente I é verdadeira;
b) I e II são verdadeiras;
c) II e III são verdadeiras;
d) todas são verdadeiras;
e) todas são falsas.

12. (CMBH/04) A quantidade de números múltiplos de 7 existentes entre 100 e 1971 é:

a) 264
b) 265
c) 266
d) 267
e) 268

13. (CMBH/04) Considere as sentenças abaixo:

I) Todo número natural não nulo é divisor de si mesmo.
II) O conjunto dos divisores de um número natural não nulo é infinito.
III) Os três primeiros múltiplos de 5 são 5, 10 e 15.
IV) O número zero é múltiplo de três.

Então, pode-se afirmar que:

a) I, III e IV são sentenças verdadeiras;
b) II e III são falsas;
c) apenas a sentença I é verdadeira;
d) apenas a sentença III é falsa;
e) todas as sentenças são falsas.

14. (CMSM/03) Identifique a frase que traz um conceito errado em relação a múltiplos e divisores de números naturais diferentes de zero:

a) A quantidade de múltiplos de um número natural é finita;
b) Qualquer número natural é múltiplo dele mesmo;
c) O 1(um) é divisor de qualquer número natural;

d) A quantidade de divisores de um número natural não nulo é finita;
e) Todos os números pares são divisíveis por 2(dois).

15. (CMSM/05) Com relação aos números naturais e suas propriedades, julgue as afirmativas abaixo como verdadeiras(V) ou falsas(F):

( ) A quantidade de múltiplos de um número é infinita;
( ) "Zero" é divisor de qualquer número natural;
( ) Números naturais diferentes de 1 que possuem apenas dois divisores distintos, o 1 e o próprio, são denominados números primos;
( ) A quantidade de divisores de um número natural é finita;
( ) Se um número natural é múltiplo de 3 ou múltiplo de 4, então é múltiplo de 12.

Observação: O gabarito oficial foi V – F – V – V – F

16. (CMSM/08) Quando a família real chegou ao Brasil em 1808, a rainha, Dona Maria I, tinha 73 anos, era viúva e estava louca, por isso não podia reinar. Seu filho mais velho, D.João VI, tinha 33 anos a menos que a rainha e era casado com Carlota Joaquina que nasceu 8 anos depois dele.

Dessa forma, o número que representa a soma das idades de D.João VI e Carlota Joaquina, em 1808, NÃO era:

a) um número divisível por 2;
b) um número divisível por 3;
c) um número divisível por 4;
d) um número divisível por 6;
e) um número primo.

17. (CMR/03) Observe os conjuntos abaixo:

⇨ X = {conjunto dos números naturais divisores de 27}
⇨ Y = {conjunto dos números naturais múltiplos de 100}
⇨ Z = {conjunto dos números naturais divisíveis por 15}

Podemos afirmar que:

a) $0 \in X$
b) $1 \in Y$
c) X é um conjunto infinito
d) Y é um conjunto infinito
e) Z é um conjunto finito

18. (CMPA/05) O número 23 é elevado ao quadrado e acrescido de 17 unidades. O resultado obtido é múltiplo de:

a) 11
b) 7
c) 5
d) 9
e) 4

19. (CMPA/07) Sejam os conjuntos:

⇨ A = {divisores naturais de 120}
⇨ B = {divisores naturais de 20}

Então, podemos afirmar que:

a) o conjunto A ∩ B tem 16 elementos;
b) a soma dos elementos do conjunto A ∩ B é igual a 250;
c) o conjunto A ∪ B tem 22 elementos;
d) o conjunto A – B tem 4 elementos;
e) o conjunto A ∪ B tem 16 elementos.

20. (CMPA/08) A tabela abaixo apresenta, no cruzamento de uma linha com uma coluna, o resultado da multiplicação do 1º número de cada linha pelo 1º número de cada coluna.

	1	2	3	4	5	6	7	8	9	10
1	1	2	3	4	5	6	7	8	9	10
2	2	4	6	8	10	12	14	16	18	20
3	3	6	9	12	15	18	21	24	27	30
4	4	8	12	16	20	24	28	32	36	40
5										
6					M					
7										
8			C						A	
9						P				
10										

As letras C, M, P, A substituem resultados dessa "tabela multiplicativa". Assim, a soma C + M + P + A será um número:

a) múltiplo de 7;
b) múltiplo de 6;
c) com 4 divisores;
d) com 15 divisores;
e) primo.

21. (CMM/02) O menor número que é múltiplo de 15 e também divisor de 30 é:

a) 3
b) 15
c) 30
d) 450

22. (CMM/05) O depósito do rancho tem várias caixas de leite completamente cheias e lacradas, todas elas iguais e de mesma capacidade igual a 24 litros. Sabendo-se que a quantidade de leite nesse depósito é maior que 1350 litros e menor que 1390 litros, a quantidade de leite no depósito é igual a:

a) 1370 litros
b) 1368 litros
c) 1354 litros
d) 1388 litros
e) 1378 litros

23. (CMM/06) Dados os números 7 e 21, pode-se afirmar que:

a) 7 é divisor de 21;
b) 7 é múltiplo de 21;
c) 7 e 21 são números primos;
d) 21 é divisor de 7;
e) 7 é número composto.

24. (CMJF/06) Todos os números naturais diferentes de 0 (zero) vão ser dispostos em "quadrados" da seguinte maneira:

	C_1	C_2	C_3
L_1	1	2	3
L_2	4	5	6
L_3	7	8	9

	C_1	C_2	C_3
L_1	10	11	12
L_2	13	14	15
L_3	16	17	18

	C_1	C_2	C_3
L_1	19	.....	.....
L_2	.....	.....	.....
L_3	.....	.....	.....

A posição do número 15 é 2ª linha (L_2) e 3ª coluna (C_3), qual a posição do número 500 no seu quadrado?

a) 3ª linha (L_3) e 3ª coluna (C_3)
b) 3ª linha (L_3) e 1ª coluna (C_1)
c) 2ª linha (L_2) e 2ª coluna (C_2)
d) 1ª linha (L_1) e 3ª coluna (C_3)
e) 2ª linha (L_2) e 3ª coluna (C_3)

Capítulo 4

Mínimo Múltiplo Comum

O mínimo múltiplo comum (MMC) de dois ou mais números naturais é o menor número não nulo que é, ao mesmo tempo, múltiplo de todos eles.

$M_{(3)} = \{0, 3, 6, 9, 12, 15, 18, 21, 24, 27, 30, 33, 36, ...\}$
$M_{(5)} = \{0, 5, 10, 15, 20, 25, 30, 35, 40, ...\}$
$MMC_{(3, 5)} = 15$

Observe que o conjunto dos múltiplos comuns entre 3 e 5 é: {0, 15, 30, 45, 60, 75, ...}, isto é, são todos os múltiplos de 15.

Ressaltamos que o MMC de dois ou mais números inteiros não nulos será o menor número positivo que seja múltiplo de todos os números dados.
    Exemplo 1: MMC (−3, −5) = 15
    Exemplo 2: MMC (3, −5) = 15

Métodos para Determinação do MMC

1º) Decomposição em fatores primos

    ⇨ Decompomos cada um dos números em fatores primos;
    ⇨ O MMC será o produto de todos os fatores primos comuns e não-comuns, cada um deles elevado ao maior dos expoentes em que figuram nas decomposições.

Exemplo 1:   MMC (120; 50) = ?

$\left. \begin{array}{l} 50 = 2 \times 5^2 \\ 120 = 2^3 \times 3 \times 5 \end{array} \right\}$ MMC (120; 50) = $2^3 \times 3 \times 5^2$

Além disso, podemos afirmar que este número decimal exato terá 2 algarismos na parte decimal, porque o maior expoente entre os fatores primos 2 e 5 é 2.

2º) Decomposição em fatores primos simultâneo, processo simplificado ou processo prático

⇨ Decompor, ao mesmo tempo, todos os números em fatores primos;
⇨ O MMC será o produto de todos os fatores primos comuns e não comuns.

Exemplo 1:

36	–	45	–	60	2
18	–	45	–	30	2
9	–	45	–	15	3
3	–	15	–	5	3
1	–	5	–	5	5
1	–	1	–	1	

Observações:
1) O MMC entre dois números primos entre si é o produto entre eles.

Cuidado: Os números 2, 3 e 4 são números primos entre si; no entanto, o MMC entre eles não é o produto entre eles.

2) O MMC entre um número e seu múltiplo é o múltiplo.
   Exemplo 1: MMC (12; 4) = 12

3) O MMC entre dois números pares consecutivos é o semiproduto entre eles.

4) O MMC entre dois números ímpares consecutivos é o produto entre eles.

5) Multiplicando-se ou dividindo-se dois números por outro, o MMC dos números dados fica multiplicado ou dividido por esse número.

6) Dividindo-se o MMC de dois ou mais números por esses números, os quocientes obtidos serão primos entre si.

7) O MMC de dois números é, no mínimo, igual ao maior dos números. (condição mínima de MMC entre números naturais)

8) O MMC entre dois números inteiros positivos só será igual ao MDC (Máximo Divisor Comum) quando os números forem os mesmos.

Mínimo Múltiplo Comum x Restos

01. Determine o menor número que dividido por 12, 15, 18 e 24 dá resto 9.

Solução:
Retiramos o MMC entre os números 12, 15, 18 e 24, ou seja, 360 e somamos o resto, isto é, 9.

360 + 9 = 369

02. O menor número ao qual faltam 7 unidades para ser, ao mesmo tempo, divisível por 20, 24 e 32 é o:

Solução:
Retiramos o MMC entre os números 20, 24 e 32, ou seja, 480 e subtraímos o que falta, isto é, 7.

480 − 7 = 473

03. Determine o menor número que dividido por 10, 16 e 24 deixa, respectivamente, os restos 5, 11 e 19:

Solução:
Retiramos o MMC entre os números 10, 16 e 24, ou seja, 240 e subtraímos a constante que aparece na diferença de cada número pelos seus respectivos restos, a saber, 10 − 5 = **5**; 16 − 11 = **5**; 24 − 19 = **5**.

240 − 5 = 235

Dados o MMC e a Soma ou a Diferença entre Dois Números

01. A soma de dois números é 40 e o MMC é 84. Determine-os:

Solução:
1ª Etapa: Decompor tanto a soma quanto o MMC.

$$\begin{cases} a+b = 40 \Rightarrow 2^3.5 \\ mmc(a;b) = 84 \Rightarrow 2^2.3.7 \end{cases}$$

2ª Etapa: Retiraremos o MDC entre a soma e o MMC, colocando no MMC que será a evidência entre a soma de dois números primos entre si(x e y).

$$\begin{cases} a+b = 40 \Rightarrow 2^3.5 \\ mmc(a;b) = 84 \Rightarrow 2^2.3.7 \Rightarrow 2^2.(x+y) \end{cases}$$

3ª Etapa: Dividiremos a soma e o MMC pelo o MDC encontrado, sendo aquele resultado o valor de x + y, e os fatores remanescentes da divisão do MMC pelo o MDC os valores de x e y.

$$\begin{cases} a+b = 40 \Rightarrow 2^3.5 \Rightarrow 2^3.5 \div 2^2 = 2.5 = 10 \\ mmc(a;b) = 84 \Rightarrow 2^2.3.7 \Rightarrow 2^2.3.7 \div 2^2 = 3.7 \Rightarrow x=3 \, e \, y=7 \Rightarrow 2^2.(3+7) \end{cases}$$

4ª Etapa: Daí os números sairão da multiplicação do MDC pelos valores de x e y.

$2^2.(3+7) \Rightarrow a = 12$ e $b = 28$

Questões dos Colégios Militares

01. (CMRJ/93) Um número tem três algarismos. A divisão desse número por 12, por 15 ou por 18 deixa resto 1, enquanto a divisão por 11 deixa resto 10. O resto da divisão desse mesmo número por 7 é igual a:

a) 0
b) 2
c) 4
d) 5
e) 6

Capítulo 4 - Mínimo Múltiplo Comum | 49

02. (CMRJ/94) Em uma avenida de mão única, existem 50 semáforos (sinais luminosos de trânsito), numerados de 1 até 50. O sétimo e os seguintes, de 7 em 7, têm a lâmpada de luz vermelha queimada; o quinto e os seguintes, de 5 em 5, têm a lâmpada de luz verde queimada; o terceiro e os seguintes, de 3 em 3, têm a lâmpada de luz amarela queimada. O número de semáforos que possuem as três lâmpadas em funcionamento é:

a) 20
b) 22
c) 23
d) 24
e) 28

03. (CMRJ/95) Um trem percorre uma ferrovia circular e para de 6 em 6 estações; ao fim de quantas voltas completas terá parado na estação de saída, sabendo-se que a ferrovia possui 20 estações?

a) 7
b) 6
c) 5
d) 4
e) 3

04. (CMRJ/97) Dois faróis instalados em recifes piscam com frequências diferentes. Enquanto um deles pisca 15 vezes por minuto, o outro pisca 20 vezes por minuto. Em um certo instante, as luzes piscam simultaneamente. O tempo que as luzes levarão para piscarem juntas novamente é de:

a) 5 segundos
b) 12 segundos
c) 3 minutos
d) 5 minutos
e) 120 segundos

05. (CMRJ/97) O menor número que dividido por 30, 24, 40 e 36 dá restos 17, 11, 27 e 23, respectivamente, é:

a) 360
b) 373
c) 377
d) 387
e) 347

06. (CMRJ/98) O menor número que, quando dividido por 10 dá resto 9, quando dividido por 9, dá resto 8, quando dividido por 8, dá resto 7; e assim sucessivamente até quando dividido por 2, dá resto 1, tem a soma dos seus algarismos representada por:

a) 13
b) 14
c) 17
d) 18
e) 19

07. (CMRJ/99) O menor número que dividido por 5 dá resto 4, dividido por 4 dá resto 3, dividido por 3 á resto 2 e dividido por 2 dá resto 1, é:

a) 39
b) 49
c) 59
d) 79
e) 129

08. (CMRJ/00) Uma rede de supermercados contratou com o "Abatedouro Frango Bom" a realização de uma promoção anual de carne de frango em três de suas lojas, para o ano de 2001. Na primeira loja selecionada haverá promoção desse frango de 8 em 8 dias; na segunda loja, a oferta ocorrerá de 12 em 12 dias e na terceira loja, de 6 em 6 dias. Se a promoção for iniciada no dia 2 de janeiro de 2001, nas três lojas, o último dia do ano de 2001 em que essas três lojas estarão com promoção do "Frango Bom", ao mesmo tempo, será;

a) dia de Natal;
b) 28 de dezembro;
c) 29 de dezembro;
d) 30 de dezembro;
e) 31 de dezembro.

09. (CMRJ/02) Um vaga-lume pisca 12 vezes por minuto, enquanto outro pisca 15 vezes por minuto. Se os dois mantiverem suas frequências e piscarem juntos em um determinado momento, depois de quanto tempo isso voltará a ocorrer?

a) 20 segundos
b) 30 segundos
c) 60 segundos
d) 180 segundos
e) 360 segundos

10. (CMRJ/02) O paioleiro do CMRJ tem várias caixas de munição para armazenar. São mais de 200 caixas, mas não chegam a 300 caixas. Quando ele forma pilhas de 2, 3 ou 4 caixas, sempre sobra uma caixa. Quando forma pilhas com 7 caixas, não sobra caixa alguma. O número de caixas que há no paiol está entre:

a) 200, exclusive, e 215, inclusive
b) 216 e 234, inclusives
c) 235 e 260, inclusives
d) 261 e 280, inclusives
e) 281, inclusive, e 300, exclusive

11. (CMRJ/03) Na festa de casamento de Márcia foi servido um jantar constituído de arroz, maionese, carne e massa. Garçons serviram os convidados utilizando pequenas bandejas. A quantidade servida era aproximadamente igual para todos, sem repetição. Todos os convidados se serviram de todos os pratos oferecidos e as bandejas retornavam à copa sempre vazias. Cada bandeja de arroz servia 3 pessoas, as de maionese, 4 pessoas, as de carne, 5 pessoas e as de massa, 6 pessoas cada. Nessas condições, dos números abaixo apresentados, só um deles pode corresponder ao total de convidados que foram à festa de Márcia. Assinale-o:

a) 90
b) 120
c) 144
d) 150
e) 200

12. (CMRJ/07) Para se ter uma idéia, a Batalha de Mind ficou famosa. Foi nessa batalha que o Rei Kiroz derrotou o poderoso e temido exército do Rei Arroris em um único ataque. Durante o combate, o Rei Kiroz percebeu que, a cada 5 minutos, os inimigos lançavam flechas; a cada 10 minutos, pedras enormes e, a cada 12 minutos, bolas de fogo. O Rei ordenou, então, que seu exército atacasse 1 minuto após os três lançamentos ocorrerem ao mesmo tempo. Sabendo-se que o Rei deu a ordem às 9 horas e que a última vez em que ocorreram os lançamentos ao mesmo tempo foi às 8h 15 min, determine quando ocorreu o ataque do exército do Rei Kiroz.

a) 9 h e 14 min
b) 9 h e 15 min
c) 9 h e 16 min
d) 10 h e 15 min
e) 10 h e 16 min

13. (CMB/03) Quantos números de três algarismos são divisíveis por 3, 5 e 8, ao mesmo tempo?

a) 5
b) 6
c) 7
d) 8
e) 9

14. (CMB/03) No conjunto dos números naturais, seja $M_{(x)}$ o conjunto dos múltiplos de x. Então, podemos afirmar que:

a) $M_{(6)} \cap M_{(3)} \cap M_{(4)} = M_{(12)}$
b) $M_{(4)} \cap M_{(8)} = M_{(4)}$
c) $M_{(2)} \cap M_{(4)} \cap M_{(8)} = M_{(4)}$
d) $M_{(3)} \cap M_{(4)} \cap M_{(6)} = M_{(6)}$
e) $M_{(3)} \cap M_{(6)} = M_{(3)}$

15. (CMB/03) Contando-se os alunos de uma classe, de 4 em 4, sobram 2 e, contando-se de 5 em 5, sobra 1. Sabendo-se que 15 alunos são meninas e que nessa classe o número de meninas é maior que o número de meninos, então o número de meninos é igual a:

a) 7
b) 8
c) 9
d) 10
e) 11

16. (CMB/06) Uma goteira pinga de 3 em 3 segundos; uma lâmpada pisca de 5 em 5 segundos; um brinquedo apita de 7 em 7 segundos. Sabendo que os três eventos anteriormente citados manifestaram-se neste momento e ao mesmo tempo, daqui a quantos segundos os três voltarão a se manifestar, simultaneamente, no menor intervalo de tempo possível?

a) 35
b) 105
c) 210
d) 420
e) 525

17. (CMB/06) Considere o conjunto dos números naturais divisíveis simultaneamente por 7 e por 5. Marque a alternativa que contém o elemento que divide todos os outros desse conjunto:

a) 7 + 5
b) 7 − 5
c) 7 x 5
d) 7 : 5
e) 7^5

18. (CMBH/02) Uma árvore de Natal tem três tipos de luzes coloridas. As vermelhas acendem a cada 8 segundos; as verdes, a cada 10 segundos; e, finalmente, as amarelas, a cada 12 segundos. Se todas juntas acenderem num determinado instante, a próxima vez que acenderão no mesmo momento será depois de:

a) 2 minutos
b) 1 minuto
c) 4 minutos
d) 16 minutos
e) 8 minutos

19. (CMBH/03) Três amigas viajam de Belo Horizonte para o Rio de Janeiro frequentemente. Uma vai de 10 em 10 dias, a outra vai de 12 em 12 dias e a terceira, de 15 em 15 dias. Elas viajaram juntas no dia 18 de outubro deste ano. Sabendo que outubro tem 31 dias e novembro 30 dias, e considerando a contagem dos dias a partir do dia seguinte ao da viagem, as três amigas viajarão juntas para o Rio de Janeiro novamente em:

a) 15 de dezembro
b) 16 de dezembro
c) 17 de dezembro
d) 18 de dezembro
e) 19 de dezembro

20. (CMBH/04) Em uma árvore de Natal, há lâmpadas vermelhas e verdes. As lâmpadas vermelhas permanecem 10 segundos apagadas e 30 segundos acesas, alternadamente; as lâmpadas verdes, também de maneira alternada, permanecem 10 segundos apagadas e 40 segundos acesas. O número mínimo de segundos que se leva para que ambas voltem a apagar no mesmo instante é:

a) 200 s
b) 190 s
c) 160 s
d) 150 s
e) 120 s

21. (CMBH/04) Um número menor que 30.000, quando dividido por 80, 78 e 135, deixa o mesmo resto. Sendo este resto o maior possível, pode-se afirmar que o número em questão vale:

a) 28.157
b) 28.080
c) 28.172
d) 29.781
e) 29.157

22. (CMBH/05) Em uma feira de livros, notou-se que, agrupando os livros em caixas com 36, 48 ou 60 unidades, sempre sobravam 8 livros fora da caixa. Sabe-se que a quantidade de livros da feira é maior que 4.500 e menor que 5.500. Então, o número total de livros é igual a:

a) 4528
b) 5096
c) 5008
d) 5048
e) 5148

23. (CMBH/07) Glória separou os selos de sua coleção, primeiramente, de 12 em 12; em seguida, de 24 em 24, por último, de 36 em 36. Nas três ocasiões, sobraram sempre 7 selos. Sabendo que o número de selos é maior que 300 e menor que 400, o número de selos da coleção de Glória é igual a:

a) 377
b) 367
c) 357
d) 347
e) 337

24. (CMBH/07) A parte interna de uma pista circular tem 400 m de extensão e a parte externa, 440 m, conforme mostra o desenho:

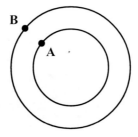

Um atleta parte do ponto A para realizar seu treinamento ao redor da pista interna e outro atleta parte do ponto B, correndo em sentido oposto, ao redor da pista externa. Sabendo que os dois atletas têm a mesma velocidade, então é correto afirmar que A e B se encontrarão, novamente no ponto de partida, quando:

a) A tiver completado 10 voltas;
b) B tiver completado 15 voltas;
c) B tiver completado 11 voltas;
d) A tiver completado 11 voltas;
e) A tiver completado 12 voltas.

25. (CMS/01) Carla está doente. Ela foi ao médico e ele receitou dois remédios: o primeiro deve ser tomado de 4 em 4 horas e o segundo de 6 em 6 horas. Se às 14 horas ela tomou os dois pela primeira vez, Carla tomará os remédios juntos novamente às:

a) 2 horas
b) 12 horas
c) 20 horas
d) 4 horas
e) 14 horas

26. (CMS/01) A quantidade de alunos de uma classe é o menor número ímpar que dividido por 3 ou dividido por 5, deixa resto 1. Sabendo que nessa classe existem 3 meninos a mais que o número de meninas, podemos afirmar que a quantidade de meninos é:

a) 13
b) 14
c) 15
d) 16
e) 17

27. (CMS/02) Na casa de Carlos, o carteiro faz a entrega de cartas a cada 8 dias, o jornaleiro entrega os jornais a cada 3 dias e o leiteiro entrega o leite a cada 4 dias. Na última segunda-feira, os três profissionais fizeram suas entregas na casa de Carlos. A alternativa que representa o número total de dias em que haverá nova coincidência na passagem dos três profissionais na casa de Carlos e o dia correspondente da semana em que isso ocorrerá é:

a) 8 dias, sábado
b) 24 dias, 6ª feira
c) 16 dias, 3ª feira
d) 24 dias, 5ª feira
e) 16 dias, 4ª feira

28. (CMS/03) Marta, Carmem e Tereza são enfermeiras de um hospital e trabalham em regime de rodízio. A escala de plantão de Marta é de 3 em 3 dias, a de Carmem é de 6 em 6 dias e a de Tereza é de 8 em 8 dias. Se hoje as três enfermeiras estão juntas de plantão, elas só estarão novamente juntas daqui a:

a) 17 dias
b) 24 dias
c) 20 dias
d) 14 dias
e) 15 dias

29. (CMS/05) A seqüência (6, 7, 12, 14, ...) é formada pelos múltiplos de 6, de 7 e de ambos. A posição do número 511 é:

a) 143º
b) 144º
c) 145º
d) 146º
e) 147º

30. (CMS/06) Ernesto possui uma loja de roupas em Salvador e, de 12 em 12 dias, ele viaja para São Paulo para comprar produtos para a loja. Hoje, em São Paulo, ele encontrou Carminha que é do Rio de Janeiro e também trabalha como ele, mas vai a São Paulo de 15 em 15 dias. A próxima vez que Ernesto encontrará Carminha será(lembre-se que hoje é 21 de outubro, que o mês de outubro tem 31 dias e que o mês de novembro tem 30 dias):

a) 23 de outubro
b) 24 de outubro
c) 18 de dezembro
d) 19 de dezembro
e) 20 de dezembro

31. (CMS/07) O famoso cientista E.M. Palhado inventou um relógio que funciona com quatro engrenagens, conforme a figura abaixo:

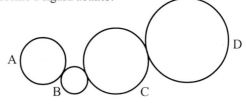

A engrenagem A demora 15 segundos para completar uma volta; a engrenagem B demora 9 segundos; a engrenagem C, 18 segundos e a engrenagem D, 24 segundos. Quanto tempo, após o início do funcionamento, as engrenagens ocuparão novamente a posição inicial?

a) 5 minutos
b) 5 minutos e 30 segundos
c) 6 minutos
d) 6 minutos e 30 segundos
e) 7 minutos

32. (CMSM/03) Em uma competição de corrida em torno do lago, o aluno João Victor percorre cada volta em 40 segundos e o aluno Eduardo precisa de 50 segundos. Sabendo que os dois partem juntos do ponto inicial, a prova tem duração de 10 minutos e ganha a prova quem der mais voltas. Quantas vezes os alunos se encontrarão no ponto inicial após a largada?

a) quatro
b) três
c) quinze
d) doze
e) dez

33. (CMSM/05) Luisinho mora em um bairro distante do centro da cidade. Nesse bairro a coleta de lixo é feita de dois em dois dias e o carteiro faz as entregas de três em três dias. No primeiro dia de outubro houve coincidência na coleta de lixo e na entrega de correspondências. Sabe-se que o mês de outubro possui 31 dias. Em que dia haverá a última coincidência desse mês?

a) 30
b) 28
c) 29
d) 25
e) 31

34. (CMSM/06) João Víctor é um triatleta, ele nada mil metros dia sim, dia não, corre dez quilômetros de 3 em 3 dias e pedala com bicicleta de 4 em 4 dias. No dia 1º de setembro João Víctor nadou, correu e pedalou. Em qual, ou quais dias de setembro a coincidência voltou a acontecer?

a) 19 de setembro
b) 8, 15, 22 e 29 de setembro

c) 17 de setembro
d) 16 e 31 de setembro
e) 13 e 25 de setembro

35. (CMR/03) Dois atletas, Tico e Teco, disputam uma corrida em uma pista de formato circular. Ambos partem juntos do ponto inicial. Tico percorre cada volta em 12 minutos e Teco, em 20 minutos. Após a largada, há um momento em que os dois cruzam juntos, pela primeira vez, o ponto de largada. Nesse momento, o número de voltas que Tico terá dado na pista é igual a:

a) 5
b) 10
c) 12
d) 20
e) 60

36. (CMR/04) A soma dos números compreendidos entre 1800 e 4300 divisíveis, ao mesmo tempo, por 18, 30 e 48 é:

a) 5980
b) 6600
c) 7320
d) 8640
e) 9360

37. (CMR/05) Ao anoitecer, Sr. Castor convidou Zequinha e Joaninha para dormirem com ele na sua casa da árvore. Deitada, olhando para o céu, Joaninha viu um grupo de vaga-lumes e percebeu que, se os contasse de 6 em 6, sobrava 1; se os contasse de 5 em e, sobravam 2; e se os contasse de 4 em 4, sobrava 1. Sabendo-se que o total de vaga-lumes é menor que 40, pergunta-se: Quantos eram os vaga-lumes?

a) 33 vaga-lumes
b) 35 vaga-lumes
c) 37 vaga-lumes
d) 38 vaga-lumes
e) 39 vaga-lumes

38. (CMR/06) Durante uma excursão pedagógica do CMR, um aluno observou que, no alto da torre de uma emissora de televisão, duas luzes "piscam" com frequências diferentes. A 1ª "pisca" 15 vezes por minuto, e a 2ª "pisca" 10 vezes por minuto, ambas com intervalos fixos. Em certo momento, as luzes "piscam" simultaneamente. Partindo do

exato momento em que as luzes "piscam" simultaneamente, sabendo-se que não houve nenhuma alteração na frequência com que elas piscam, quantas vezes esse fato repetir-se-á no período de 24 horas?

a) 6400
b) 7200
c) 8000
d) 8600
e) 9200

39. (CMR/07) Entretanto, assim que entrou na caverna escura, Alice assustou-se com o um barulho estranho. Pedro apontou a luz de sua lanterna para o local de onde partiu o barulho e avistou três sapos. O sapo marrom coaxava a cada 30 segundos. O sapo amarelo coaxava a cada 12 segundos e o sapo verde a cada 45 segundos. No momento em que Pedro colocou a luz nos sapos, os três coaxaram, simultaneamente, pela primeira vez. Sabendo-se que as crianças chegaram ao centro da caverna no momento exato em que os três sapos coaxaram juntos pela 5ª vez, pode-se afirmar que o tempo gasto desde a iluminação dos sapos até as crianças chegarem ao centro da caverna foi de:

a) 1 hora
b) 8 minutos
c) 12 minutos
d) 60 segundos
e) 4 minutos

40. (CMR/08) Enquanto Pedro distribuía os livrinhos, Thaís, Alice e Lobinho foram até a floresta Amazônica e, lá, descobriram um depósito clandestino de madeira. Havia dois homens fazendo a segurança do depósito. Um desses homens aparecia na portaria principal desse depósito a cada 3 minutos, enquanto o outro aparecia na mesma portaria a cada 2 minutos. Às 13 horas, as meninas viram os dois homens aparecerem juntos na portaria principal pela primeira vez. Elas ficaram observando essa portaria até as 14 horas. Sendo assim, podemos afirmar que o número de vezes em que os dois homens apareceram juntos na portaria principal durante o período das 13 às 14 horas, inclusive, é:

a) 6
b) 11
c) 10
d) 12
e) 18

41. (CMPA/03) Considere 3 equipes de futebol. Sabe-se que a equipe A vence uma em cada 5 partidas que disputa; a equipe B vence uma em cada 3 partidas e a equipe C consegue ganhar uma em cada 4 partidas jogadas. A cada vitória são atribuídos 3 pontos e não houve nenhum empate. Assim, em 60 partidas, a equipe de pior desempenho somará:

a) 12 pontos
b) 20 pontos
c) 45 pontos
d) 36 pontos
e) 15 pontos

42. (CMPA/06) Se multiplicarmos 15 por um número X e 18 por um número Y, obteremos resultados iguais e diferentes de zero. Então o menor valor da soma X + Y será igual a: *(Autor: acrescentamos as frases "diferentes de zero" e "o menor valor" para evitarmos a anulação da questão.)*

a) 33
b) 22
c) 11
d) 15
e) 18

43. (CMPA/06) Maria tem certa quantidade de CDs com suas músicas preferidas. Quando ela forma pilhas com três CDs, sempre sobram dois CDs. Quando ela forma pilhas com quatro CDs, também sobram dois CDs. Entretanto, quando ela forma pilhas com sete CDs, não sobra nenhum. Assinale a alternativa que apresenta o número de CDs que Maria pode ter:

a) 86
b) 84
c) 97
d) 96
e) 93

44. (CMPA/07) A soma dos algarismos do maior número múltiplo de 5, menor do que 200, que dividido por 9, 12 e 15 deixa, respectivamente, restos 4, 7 e 10, é igual a:

a) 9
b) 10
c) 11

d) 12
e) 13

45. (CMF/00) O aluno Hermano, destaque em Olimpíadas Internacionais de Matemática, apresentou o seguinte problema para os colegas de sala: Qual o número que é maior que 199 e menor que 251, divisível por 2, por 3 e por 5 e no entanto não é divisível por 7? Socorro, sua colega calculou corretamente e respondeu que o número é:

a) 230
b) 240
c) 220
d) 210
e) 250

46. (CMF/05) A quantidade de múltiplos comuns a 7, 15 e 45 que são maiores que zero e menores que 1000 é:

a) 3
b) 2
c) 1
d) 4
e) 15

47. (CMF/05) Dois sinais de trânsito, um na rua Augusta e outro na rua Amélia, ficaram verdes exatamente em um determinado instante. O primeiro leva 1 minuto e 40 segundos para ficar verde novamente e o segundo sinal leva 2 minutos e 20 segundos. A partir de quanto tempo depois os dois sinais voltaram a ficar verdes em um mesmo instante?

a) 8 minutos e 40 segundos
b) 10 minutos e 20 segundos
c) 11 minutos e 40 segundos
d) 12 minutos e 20 segundos
e) 13 minutos e 40 segundos

48. (CMF/06) Em uma caixa existem menos de 50 bolas de gude. Se elas forem contadas de 8 em 8, sobrarão 5 bolas e, se forem contadas de 7 em 7, sobrarão 3 bolas. A quantidade de bolas, na caixa, é um número natural:

a) par
b) primo
c) divisível por 3

d) divisível por 11
e) menor do que 35

49. (CMF/07) Considere todos os números naturais menores do que 150 que satisfazem, simultaneamente, as seguintes condições: ao serem divididos por 12, deixam resto 5; ao serem divididos por 18, deixam resto 5. A quantidade desses números é igual a:

a) 3
b) 4
c) 5
d) 6
e) 7

50. (CMCG/05) Se A é o conjunto dos números naturais múltiplos de 12 e B é o conjunto dos números naturais múltiplos de 18, então A ∩ B é o conjunto dos números naturais múltiplos de:

a) 2
b) 6
c) 12
d) 18
e) 36

51. (CMM/00) Se o MMC de dois números é dado pelo produto de ambos, então:

a) Os números não são primos entre si;
b) O MDC desses números é diferente de 1;
c) Os números são primos entre si;
d) Pelo menos um deles é primo absoluto;
e) Nada podemos afirmar sobre esses números.

52. (CMM/03) Podemos afirmar que o MMC dos dez primeiros números naturais não nulos é:

a) 360
b) 720
c) 1080
d) 2400
e) 2520

53. (CMM/05) Três alunos do Colégio Militar de Manaus estão treinando a apresentação individual. O primeiro presta continência de 6 em 6 segundos, o segundo presta continência de 8 em 8 segundos e o terceiro, de 5 em 5 segundos. Começando todos juntos, em quanto tempo farão novamente a próxima apresentação simultânea?

a) 68 s
b) 1 min
c) 130 s
d) 2 min
e) 19 s

54. (CMM/05) Três ônibus partem do terminal da Cidade Nova às 6 h da manhã. Sabendo-se que esses ônibus voltam ao ponto de partida, respectivamente, a cada 40 min, 30 min e 1 h e 20 min, qual o próximo horário em que os três ônibus partirão juntos?

a) 8 h
b) 10 h
c) 13 h
d) 15 h
e) 20 h

55. (CMM/06) O mínimo múltiplo comum entre dois números naturais é igual ao produto entre esses números, quando:

a) os números forem primos entre si;
b) os números forem pares;
c) os números forem ímpares;
d) um deles for par;
e) um deles for ímpar.

56. (CMJF/06) Luana foi ao consultório médico, pois estava muito resfriada. Doutor Elias receitou a ela que tomasse um comprimido a cada 8 horas e fizesse uma nebulização a cada 4 horas. No dia seguinte, Luciana acordou às 6 horas, tomou o comprimido e fez a inalação. Quais foram os outros horários do dia em que ela fez as duas coisas ao mesmo tempo?

a) 14 horas e 22 horas
b) 10 horas e 18 horas
c) 12 horas e 24 horas
d) 10 horas e 12 horas
e) 13 horas e 17 horas

57. (CMJF/06) Sabemos que muitos cometas passam pela Terra de anos em anos. Um cometa A passa de 15 em 15 anos, enquanto um cometa B passa de 20 em 20 anos. Esses dois cometas passaram por aqui em 1998. Nessas condições, em que ano esses dois cometas passarão juntos, novamente, pela Terra?

a) 2018
b) 2028
c) 2058
d) 2088
e) 2098

58. (CMC/07) Dois cometas apareceram, um a cada 20 anos e outro a cada 30 anos. Se ambos apareceram em 1920, quantas vezes os cometas aparecerão juntos novamente até o ano de 2200?

a) 2
b) 3
c) 4
d) 5
e) 6

59. (CMC/07) Qual é o menor número que é maior que 100 e é múltiplo comum de 3 e de 4?

a) 102
b) 104
c) 106
d) 108
e) 110

Capítulo 5

Máximo Divisor Comum

O máximo divisor comum (MDC) de dois ou mais números naturais é o maior número não nulo que é, ao mesmo tempo, divisor de todos eles.

$M_{(18)} = \{1, 2, 3, 6, 9, 18\}$
$M_{(30)} = \{1, 2, 3, 5, 6, 10, 15, 30\}$
$MMC_{(18,20)} = 6$

Observe que os divisores comuns entre 18 e 30 são: {6, 3, 2, 1}, isto é, são todos os divisores de 6.

Ressaltamos que o MDC de dois ou mais números inteiros não nulos será o maior número positivo que seja divisor de todos os números dados.
Exemplo 1: MDC (–30, –45) = 15
Exemplo 2: MDC (30, –45) = 15

Métodos para Determinação do MDC

1º) Decomposição em fatores primos

⇨ Decompomos cada um dos números em fatores primos;
⇨ O MDC será o produto de todos os fatores primos comuns, cada um deles elevado ao menor dos expoentes em que figuram nas decomposições.

Exemplo:
MDC (30, 18) = ?

$$\left.\begin{array}{l}30 = 2 \times 3 \times 5 \\ 18 = 2 \times 3^2\end{array}\right\} \quad MDC\,(30;18) = 2 \times 3$$

2º) Divisões Sucessivas ou Algoritmo de Euclides

⇨ (1º passo) Divide-se o maior pelo menor.
⇨ Obtendo-se um resto diferente de zero, divide-se o 2º resto pelo 3º resto, e assim sucessivamente, até se obter um resto igual a zero. Nesse caso, o último divisor, ou seja, o último resto não nulo, será o MDC dos números dados.

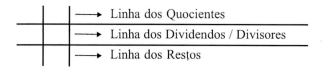

Observações:
1) Quando dois números são primos entre si, o MDC entre eles é igual a 1.

2) O MDC entre um número e seu múltiplo é o divisor.
Exemplo 1: MDC (12, 4) = 4

3) O MDC entre dois números pares consecutivos é igual a 2.

4) O MDC entre dois números ímpares consecutivos é igual a 1.

5) Multiplicando-se ou dividindo-se dois ou mais números por um terceiro, diferente de zero, o seu MDC ficará multiplicado ou dividido por esse número.

6) Dividindo-se os números propostos pelo MDC desses números, os quocientes obtidos serão primos entre si.

7) O MDC de dois números é, no máximo, igual ao menor dos números. (condição máxima de MDC entre números naturais)

8) O MDC entre dois números inteiros positivos só será igual ao MMC (Mínimo Múltiplo Comum) quando os números forem os mesmos.

9) O produto de **dois** números é igual ao produto do MMC pelo MDC desses números.

Nota: No produto de três ou mais números só será igual ao produto do MMC pelo MDC desses números, se e somente se, esses números forem primos entre si dois a dois. Dessa forma, dependendo da quantidade de números propostos, teremos uma fórmula diferente.

Para dois números a e b	$a \times b = mmc(a; b) \times mdc(a; b)$
Para três números a, b e c	$a \times b \times c = \dfrac{mmc(a;b;c) \times mdc(a;b) \times mdc(a;c) \times mdc(b;c)}{mdc(a;b;c)}$

10) O último quociente das divisões sucessivas tem como menor número o 2(dois), nos demais quocientes, o menor é o 1(um).

11) O MDC da soma com a diferença de dois números primos distintos será sempre 1 ou 2.

Máximo Divisor Comum x Restos

01. O maior número pelo qual devemos dividir 301 é 411, para que os restos sejam respectivamente 5 e 4 é:

Solução:
Subtraímos dos seus números os seus respectivos restos (301 – 5 = 296 e 411 – 4 = 407) e achamos o MDC do resultado dessa subtração MDC(407; 296)= 37.

Dados o MDC e a Soma ou a Diferença entre dois Números

01. A soma de dois números é 108 e o MDC entre eles é 12. Determine-os.

Solução:
1ª Etapa: Devemos saber que a soma de dois números (a e b) é igual ao produto do MDC desses números pela soma de dois números primos entre si que sobrou da retirada do mdc.

a + b = mdc.(x + y)

Vejamos: sendo a = 10 e b = 12, teremos ⇨ 10 + 12 = 2.(5 + 6).

Voltando para a questão, verificamos:

$$\begin{cases} a+b = 108 \Rightarrow 108 = mdc.(x+y) \Rightarrow 108 = 12.(x+y) \Rightarrow (x+y) = 9 \\ mmc(a;b) = 12 \end{cases}$$

2ª Etapa: Descoberto que x + y = 9 e sabedores que x e y são primos entre si, vamos determinar as possibilidades de cada um:

$$\begin{cases} Se\ x = 1, então\ y = 8 \\ Se\ x = 2, então\ y = 7 \\ Se\ x = 3, então\ y = 6\ (Esta\ condição\ não\ serve,\ pois\ eles\ não\ saõ\ primos\ entre\ si) \\ Se\ x = 4, então\ y = 5 \end{cases}$$

3ª Etapa: Determinar os valores possíveis de a e b, multiplicando x e y pelo MDC.

⇨ a = 12 x 1 e b = 12 x 8, ou seja, a =12 e b = 96
⇨ a = 12 x 2 e b = 12 x 7, ou seja, a = 24 e b = 84
⇨ a = 12 x 4 e b = 12 x 5, ou seja, a = 48 e b = 60

Problemas que Envolvem MDC e Figuras Fechadas ou Abertas

01. Duas ruas medem respecţivamente 414 metros e 486 metros e cortam-se formando um "L". Deseja-se arborizar as duas ruas de modo que haja uma árvore no cruzamento e uma em cada extremidade, as demais devem ficar a igual distância uma das outras, e essa distância deve ser a maior possível. Quantas árvores serão colocadas?

Solução:
Repare que nós temos duas medidas diferentes a serem divididas o máximo possível sem deixar sobras, ou seja, MDC(486; 414) = 18 m.

Perceba, também, o que se deseja não é a quantidade de espaços (MDC), e sim a quantidade de extremidades (árvores). O que nos remete para a diferença de contar extremos e espaços em uma figura.

- FIGURAS FECHADAS ⇨ A quantidade de espaço é igual à quantidade de extremidades

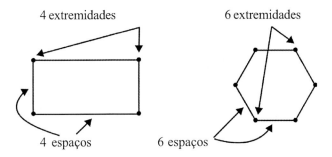

- FIGURAS ABERTAS ⇨ A quantidade de espaço é inferior à quantidade de extremidades.

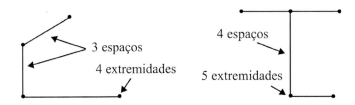

Voltemos para a questão. Sendo a figura um "L", isto é, uma figura aberta, teremos que observar que a quantidade de extremos (árvores) será maior em uma unidade do que a quantidade de espaços (mdc), então: 486 : 18 = 27 e 414 : 18 = 23, dando um total de espaços 27 + 23 = 50 que corresponde a 51 extremidades, ou seja, 51 árvores.

Podemos, então, afirmar que, caso a figura seja aberta, somaremos sempre uma unidade após as somas dos quocientes dos números propostos pelo MDC? Sim, se houver as imposições de se ter nos cruzamentos e nas extremidades.

02. Uma praça tem o formato de um triangulo retângulo, conforme mostra a figura abaixo. Um funcionário da COMLURB deseja colocar uma lixeira em cada extremidade e outras entre os lados do triângulo, sendo a distância entre todas as lixeiras iguais e a maior possível. Quantas lixeiras deverão ser colocadas?

Solução:

Retiramos o MDC (20; 16; 12) = 4 m.

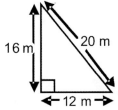

Daí dividimos cada lado pelo MDC.
⇨ 20 : 4 = 5 , 16 : 4 = 4 e 12 : 4 = 3

Depois somamos esses quocientes somente, pois a figura é fechada.
⇨ 5 + 4 + 3 = 12 lixeiras

Questões dos Colégios Militares

01. (CMRJ/94) Em um depósito do Governo Federal, encontram-se estocados 6.750 sacos de feijão, 5.400 sacos de arroz e 4.950 sacos de milho, cada saco pesando 60 quilogramas. O governo ordena o esvaziamento do depósito e contrata carretas para efetuar o transporte dos alimentos. As carretas, cada uma conduzindo um só tipo de produto, devem ser carregadas com um mesmo número de sacos, sendo esse o maior possível sem, no entanto, ultrapassar 10 toneladas de carga. Quantas carretas serão necessárias?

a) 38 carretas
b) 76 carretas
c) 80 carretas
d) 114 carretas
e) 120 carretas

02. (CMRJ/95) Em três caixas temos, respectivamente, 600g, 392g e 200g de chocolate em tabletes. Sabendo-se que o chocolate das três caixas está dividido em tabletes do mesmo "peso" e de maior tamanho possível, podemos afirmar que o número de tabletes na segunda caixa é:

a) 8
b) 25
c) 44
d) 49
e) 200

03. (CMRJ/95) Se a soma de dois números é 144 e o máximo divisor comum entre eles é 24, qual a diferença entre os dois números, sabendo que um é múltiplo do outro?

a) 96
b) 100
c) 104
d) 106
e) 108

04. (CMRJ/95) O dispositivo abaixo, denominado Algoritmo de Euclides, mostra o cálculo do máximo divisor comum de dois números. Nele, as letras M, N e P substituem alguns dos numerais que figurariam nesse cálculo. Determine a soma de M, N e P:

Capítulo 5 - Máximo Divisor Comum | 71

	M	1	1	3
1.815	N	660	P	165
660	495	165	0	

a) 1.551
b) 1.651
c) 1.751
d) 1.851
e) 1.951

05. (CMRJ/96) Sejam A = MDC (18; 30), B = MMC (6; 9) e C = $\dfrac{B}{A}$. Assinale a alternativa falsa:

a) A diferença entre B e A é o quádruplo de C;
b) C é divisível por A;
c) B é múltiplo de A;
d) Dividindo B por C, encontramos A;
e) A é múltiplo de C.

06. (CMRJ/97) Considere A e B dois números naturais. Sabendo que o MMC(A;B) = 1218 e o MDC(A; B) = 3, podemos afirmar que A x B é:

a) múltiplo de 261
b) múltiplo de 147
c) múltiplo de 116
d) múltiplo de 27
e) múltiplo de 12

07. (CMRJ/99) Se a soma de dois números é igual a 288, o MDC entre eles é 36 e um é múltiplo de outro, a diferença entre eles é:

a) 120
b) 216
c) 248
d) 252
e) 324

08. (CMRJ/00) Sejam a = 2^5.m.5 e b = 2^2 . 3^2. n, os dois menores números naturais tais que o MDC entre a e b seja 60. Nesse caso, o valor da expressão (n – m)² é:

a) 25

b) 9
c) 4
d) 1
e) 0

09. (CMRJ/01) Sejam a e b dois números naturais tais que o máximo divisor comum entre eles seja 35 e o mínimo múltiplo comum seja 1050. Sobre os números a e b, podemos afirmar que:

a) apenas um dos dois números pode ser múltiplo de 6
b) ambos não são divisíveis por 35
c) ambos são divisíveis por 25
d) ambos são múltiplos de 2
e) eles são primos entre si

10. (CMRJ/01) Os restos das divisões de 574 e 754 por um número n são 15 e 23, respectivamente. Os restos das divisões de 167 e 213 por outro número m são 5 e 3, respectivamente. Qual o valor máximo para a soma m + n?

a) 55
b) 49
c) 43
d) 24
e) 21

11. (CMRJ/03) Seja a um número natural. Sabendo-se que o MDC(a; 15) = 3 e o mmc(a; 15) = 90, então o valor de a + 15 é:

a) menor que 30
b) maior que 30, porém menor que 40
c) maior que 40, porém menor que 60
d) maior que 60, porém menor que 90
e) maior que 90

12. (CMRJ/03) Considere as afirmativas abaixo:

I. O mmc entre os números 2^m, 3^n e 5 é 360. Sendo assim, m = 2 e n = 3
II. Se a = 5 e b = 3 . a, então o mmc (a,b) = a x b
III. 3 x [mdc (6, 14)] = mdc (18,42)
IV. O mdc de 10 e 16 é o menor elemento do conjunto D (10) $\cap$ D (16), onde D (n) indica o conjunto dos divisores do número natural n.

Pode-se afirmar que:

a) todas são verdadeiras
b) todas são falsas
c) apenas duas são verdadeiras
d) apenas uma é falsa
e) apenas uma é verdadeira

13. (CMRJ/05) Considere dois números naturais tais que o MDC deles seja 3 e o MMC seja, ao mesmo tempo, igual ao quádruplo do maior e ao quíntuplo do menor. A soma desses dois números é:

a) 48
b) 45
c) 36
d) 30
e) 27

14. (CMRJ/05) Sejam x e y dois números naturais tais que MDC (x, y) = 6 e MMC (x, y) = 120, sendo que nem x, nem y, é igual a 6. Dessa forma, podemos afirmar que:

a) Pelo menos um desses números é primo;
b) O produto dos números x e y não é divisível pelo mmc entre eles;
c) Somando-se os valores absolutos dos algarismos que compõem o número x com os valores absolutos dos algarismos que compõem o número y, obtemos 9 como resultado;
d) 5 é divisor de ambos os números x e y;
e) O menor dos números é par, múltiplo de 9, maior que 5 e menor que 25.

15. (CMRJ/07) Imediatamente, o líder dos matemágicos enviou ao Rei Kiroz o seguinte recado: "Divida seu exército em grupamentos, de tal modo que cada um deles tenha o mesmo e o maior número possível de soldados de cada arma. Sabendo-se que a quantidade de soldados do Rei e as armas com que eles lutavam eram 180 canhoneiros, 288 cavaleiros, 648 escudeiros e 792 arqueiros, determine em quantos grupamentos o exército do Rei foi dividido.

a) 53
b) 48
c) 46
d) 45
e) 40

16. (CMRJ/08) Na última eleição, três partidos políticos: A, B e C tiveram direito, por dia, respectivamente, a 120 segundos, 144 segundos e 168 segundos de tempo gratuito de propaganda na televisão, com diferentes números de aparições. O tempo de cada aparição, para todos os partidos, foi sempre o mesmo e o maior possível. A soma do número de aparições diárias dos partidos na TV foi:

a) 15
b) 16
c) 18
d) 19
e) 20

17. (CMB/03) Assinale a alternativa falsa:

a) O MDC entre números primos entre si é igual a 1
b) O número 1721027431 tem 4 classes
c) O número romano LXIX é igual a 9 + 5 x 12
d) Um número composto nunca será primo
e) Em três dias temos menos do que 2×10^5 segundos

18. (CMB/04) Um comerciante comprou 50 dúzias de laranjas e 15 dúzias de ovos. Essas quantidades correspondem, respectivamente, ao MMC e ao MDC entre os números A e B. Em consequência, pode-se afirmar que:

a) (A x B) : 2 = 54.000
b) (A x B) : 2 = 10.800
c) (A x B) : 5 = 24.000
d) (A x B) : 6 = 54.000
e) (A x B) : 6 = 108.000

19. (CMB/05) Em uma operação de divisão entre números naturais, o quociente é o MMC(25; 125) e o divisor é o menor número natural de três algarismos distintos. Sabendo-se que o resto é o MDC(25;125), calcule o valor do dividendo:

a) 2675
b) 3227
c) 12750
d) 12775
e) 12851

Capítulo 5 - Máximo Divisor Comum | 75

20. (CMB/05) O produto entre o MMC e o MDC de dois números naturais maiores que 1 é 221. A diferença entre o maior e o menor desses números é:

a) 4
b) 11
c) 13
d) 17
e) 30

21. (CMB/05) Assinale a alternativa falsa:

a) Na adição de números naturais a ordem das parcelas não altera a soma.
b) O número 360 tem 24 divisores naturais.
c) Se A e B são números naturais, primos entre si, então MMC(A; B) = A x B e o MDC(A; B) = 1.
d) O número 1111111 é múltiplo de 11.
e) O elemento neutro da multiplicação dos números naturais é o 1.

22. (CMB/05) Determine o maior número natural que deve dividir 580 e 743, a fim de que os restos sejam 21 e 12, respectivamente:

a) 43
b) 37
c) 17
d) 13
e) 1

23. (CMB/05) Uma pessoa dispõe de três pedaços de arame do mesmo tipo, cujas medidas são: 2,40 metros, 3200 milímetros e 0,0056 quilômetros. Pretende-se cortá-los em pedaços de mesmo tamanho, desejando-se obter o maior comprimento possível, sem qualquer perda. Após a conversão das três medidas acima em números naturais de mesma unidade de comprimento, quantos pedaços poderão ser obtidos?

a) 6720
b) 800
c) 80
d) 28
e) 14

24. (CMB/06) Sabendo-se que A = MDC (8; 7) e B = MMC (9; 7), determine o valor de (B – A):

a) zero
b) 1
c) 56
d) 62
e) 63

25. (CMB/06) Marque a alternativa que não corresponde ao MDC (1240; 1110):

a) MDC (1110; 130)
b) MDC (1240; 1055)
c) MDC (130; 70)
d) MDC (70; 60)
e) MDC (60; 10)

26. (CMB/06) O produto de dois números naturais é 2160. Sabe-se que o MMC entre ambos é igual a 180. Dentre as opções abaixo, determine o menor deles, sabendo que o maior é múltiplo de 5 e não é múltiplo de 9:

a) 12
b) 36
c) 60
d) 90
e) 120

27. (CMB/06) Deseja-se construir no Colégio Militar de Brasília um campo de futebol de 96 metros de comprimento e 60 metros de largura. Sabendo que a trena existente não possui divisões e a sua medida em metros é um número natural, determine a medida da maior trena possível que satisfaça exatamente tais condições:

a) 3 metros
b) 6 metros
c) 12 metros
d) 15 metros
e) 24 metros

28. (CMBH/02) Dados os números 2700 e 360, a diferença entre o MMC e o MDC deles vale:

a) 4420
b) 4840

c) 5220
d) 5200
e) 5100

29. (CMBH/02) Simplificando ao máximo a fração $\frac{182}{273}$, obteremos uma fração equivalente $\frac{a}{b}$. O valor de a + b é igual a:

a) 5
b) 10
c) 15
d) 20
e) 25

30. (CMBH/03) A respeito de múltiplos e divisores, a ÚNICA alternativa INCORRETA é:

a) O produto de dois números naturais é igual ao produto do MMC pelo MDC desses dois números;
b) "16 é múltiplo de 2" é sinônimo de "16 é divisível por 2";
c) O MDC de dois números, quando fatorado, é o produto dos fatores comuns desses dois números elevados ao menor expoente;
d) O MMC de dois números é o menor divisor de todos os múltiplos comuns desses dois números;
e) O MDC de dois números é múltiplo de todos os divisores desses dois números.

31. (CMBH/03) Em uma fábrica de doces, são produzidos 240 pirulitos, 420 balas e 320 chicletes, que serão distribuídas entre crianças de um orfanato. Sabe-se que, após a distribuição, cada criança terá recebido a mesma quantidade de pirulitos, balas e chicletes e não sobrará nenhum doce. Se o número de crianças é o maior possível, cada uma receberá ao todo:

a) 19 doces
b) 49 doces
c) 98 doces
d) 196 doces
e) 490 doces

32. (CMBH/04) Um jardim tem o formato e as dimensões indicadas abaixo:

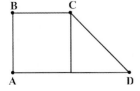

AB = 25
BC = 20
CD = 35
DA = 45

O jardineiro irá plantar pinheiros sobre as linhas que delimitam o jardim. Sabendo que ele deve plantar um pinheiro em cada um dos vértices do terreno e que a distância entre os pinheiros deve ser igual e o maior possível, então o número total de pinheiros plantados deve ser igual a:

a) 21
b) 22
c) 23
d) 24
e) 25

33. (CMBH/04) De acordo com o método das divisões sucessivas, considerando os cálculos representados a seguir, pode-se afirmar que **a** vale:

	2	4	2
a	b	c	4
		0	

a) 20
b) 40
c) 60
d) 80
e) 100

34. (CMBH/06) Em relação aos múltiplos e divisores de um número natural, marque a alternativa FALSA:

a) Dois números naturais maiores que 1 e consecutivos são sempre primos entre si;
b) Se MDC (a; b) = 6, então o mdc dos quádruplos de a e de b será 30, onde a e b são números naturais;
c) Sendo a e b números primos entre si, se um número for divisível por a e também por b, então, ele será divisível por a x b;
d) Números compostos podem ser primos entre si;
e) Dados dois ou mais números naturais diferentes de 1, se um deles é divisor de todos os outros; então, ele é o MDC dos números dados.

35. (CMBH/06) Sejam A e B dois números primos. Então, podemos afirmar que:

a) A + B é primo;
b) A + B é par;
c) A x B é ímpar;

d) MDC (A; B) = 1;
e) O MMC de A e B é o maior dos dois números.

36. (CMS/06) Rosinha quer enfeitar a igreja no seu casamento utilizando rosas brancas, amarelas e vermelhas. A floricultura disponibilizou 60 rosas brancas, 72 rosas amarelas e 108 rosas vermelhas. Se ela quer fazer arranjos iguais, utilizando todas essas flores, o número máximo de arranjos será:

a) 6
b) 12
c) 30
d) 120
e) 1080

37. (CMSM/05) Em uma excursão à fábrica de chocolates Garoto, localizada no belíssimo estado do Espírito Santo, os alunos do CMSM viajaram em dois ônibus: um com 48 pessoas e outro com 36. Os guias queriam organizar grupos com o mesmo número de pessoas, mas sem misturar as pessoas que vieram nos dois ônibus. Eles queriam também que esse número de pessoas por grupo fosse o maior possível. Quantos grupos, e de quantas pessoas, foram formados?

a) 10 grupos com 7 pessoas cada
b) 12 grupos com 7 pessoas cada
c) 7 grupos com 12 pessoas cada
d) 6 grupos com 14 pessoas cada
e) 14 grupos com 6 pessoas cada

38. (CMR/03) Em uma escola, a 5ª série A possui 24 alunos, a 5ª série B possui 36 alunos e a 5ª série C, 48 alunos. Haverá uma gincana entre as 5ªs séries, na qual todos os alunos participarão. Cada classe formou as suas equipes e todas as equipes têm o mesmo número de alunos. Sabendo que foi formado o menor número de equipes, podemos afirmar que a quantidade de equipes formadas foi de:

a) 6
b) 8
c) 9
d) 12
e) 15

39. (CMR/04) O professor Pedro Júnior, um apaixonado pela matemática, escreveu duas poesias intituladas *Amor Algébrico* e *Análise de um Romance,* com respectivamente 120 e 96 versos. Se ele resolver editá-las sob a forma de um livro que contenha o menor número de páginas e o mesmo número de versos do mesmo poema por página, o número de páginas do livro será:

a) 9
b) 10
c) 11
d) 12
e) 24

40. (CMR/05) Assim que chegou, Sherlock foi conversar com as duas abelhas rainhas da floresta e tomou conhecimento de que na floresta havia duas colméias, uma com 288 abelhas e outra com 432 abelhas. Em cada colméia, as abelhas foram divididas em grupos, nos quais a quantidade de abelhas era a mesma e a maior possível. Sabendo-se que, na colméia que possui o menor número de abelhas, 50% dos grupos destinam-se a produzir mel e que, na outra colméia, apenas 1/3 da quantidade de grupos também produz mel, pergunta-se: Quantos grupos produzem mel, considerando-se as duas colméias?

a) 2 grupos
b) 3 grupos
c) 4 grupos
d) 5 grupos
e) 6 grupos

41. (CMR/07) Escolhido o caminho correto, os garotos saíram da caverna e foram até a casa de Lucas. Ao verificarem o baú, observaram que existiam 195 moedas de ouro, 325 moedas de prata e 520 moedas de bronze. Decidiram organizar as moedas em caixas, com igual número de moedas, de tal modo que cada caixa tivesse o maior número possível de um só tipo. Pode-se afirmar que:

a) Os garotos arrumaram ao todo 8 caixas;
b) Cada caixa passou a ter exatamente 85 moedas;
c) Houve caixa que ficou com mais de 90 moedas;
d) Ficaram exatamente 4 caixas apenas com moedas de ouro;
e) Ficaram exatamente 5 caixas apenas com moedas de prata.

42. (CMR/08) Após o mapeamento, Pedarmo reuniu a Patrulha Terrestre e disse: - Muito bom, garotos. Mas vocês têm uma última missão: deverão plantar 1260 mudas de Pau-Brasil e 2268 mudas de seringueira em canteiros diferentes, de forma que todos os canteiros possuam a mesma quantidade de mudas e que cada canteiro possua apenas mudas de mesma espécie, com o maior número possível.
Considerando as informações de Pedarmo, pode-se afirmar que o número total de canteiros formados com todas as referidas mudas é:

a) 11
b) 12
c) 13
d) 14
e) 15

43. (CMPA/05) O maior número natural que divide, ao mesmo tempo, os números 240, 180 e 72 é:

a) menor do que 3;
b) maior do que 3 e menor do que 9;
c) maior do que 9 e menor do que 15;
d) maior do que 15 e menor do que 45;
e) maior do que 45.

44. (CMPA/05) Considere uma fração cujo numerador é o Máximo Divisor Comum de dois números primos entre si e cujo denominador é o Mínimo Múltiplo Comum dos números 4 e 6. Então, o quadrado dessa fração é igual a:

a) $\dfrac{4}{121}$

b) $\dfrac{1}{144}$

c) 1

d) $\dfrac{1}{576}$

e) $\dfrac{4}{576}$

45. (CMPA/06) Para determinar o Máximo Divisor Comum entre 25 e outro número, que substituímos por X, podemos utilizar o processo das divisões sucessivas (algoritmo de Euclides), abaixo representado. Assim, podemos afirmar que:

	1	5	4
25	X	4	1
4	1	0	

a) 25 e X são números primos entre si;
b) X é número par;
c) X é múltiplo de 4;
d) X é número primo;
e) 25 + X = 44.

46. (CMF/00) Os alunos Tiago e Igor receberam um desafio matemático de encontrar o maior número pelo qual podemos dividir 52 e 73 para encontrar, respectivamente, restos 7 e 13. Se eles calcularam corretamente, encontraram o número:

a) 5
b) 15
c) 13
d) 52
e) 73

47. (CMF/07) João dispõe de três pedaços de barbante com medidas: 36 cm, 54 cm e 60 cm. Ele deseja cortar esses pedaços de barbantes em pedaços menores, todos com o mesmo tamanho. Desse modo, a menor quantidade de pedaços de barbante que ele pode obter é:

a) 20
b) 15
c) 25
d) 10
e) 30

48. (CMCG/05) A divisão do MMC pelo MDC dos números 20 e 30 é:

a) 3
b) 6
c) 8
d) 10
e) 60

49. (CMCG/06) O produto entre o MMC e o MDC dos números 24 e 36 vale:

a) 744
b) 864
c) 874
d) 894
e) 904

50. (CMCG/07) Dados os números 156, 234 e 522 podemos afirmar que o MMC e O MDC entre esses três números valem:

a) MMC = $2^2 . 3^2 . 13$ e MDC = $2 . 3 . 5$;
b) MMC = $2^2 . 3^2 . 13 . 29$ e MDC = $2 . 3$;
c) MMC = $2^2 . 3^2 . 13^2$ e MDC = $2 . 3 . 13$;
d) MMC = $2 . 3 . 13 . 29$ e MDC = $2 . 3 . 13$
e) MMC = $2 . 3 . 13 . 29$ e MDC = $3 . 13$

51. (CMM/02) Duas estradas se encontram formando um **T** e tem 2940 m e 1680 m respectivamente, de extensão. O ponto de encontro divide a estrada menor em duas partes iguais. Pretende-se colocar postes de alta tensão ao longo das estradas de modo que exista um poste em cada extremidade do trecho considerado e um poste no encontro das duas estradas. Exige-se que a distância entre cada dois postes seja a mesma e a maior possível. A quantidade de postes a serem utilizados é:

a) 10
b) 11
c) 12
d) 13

52. (CMM/04) Dividindo-se 742 e 497, cada um pelo maior número possível **N**, obtemos 7 como resto em ambas as divisões. Esse número **N** é igual a:

a) 106
b) 187
c) 245
d) 254
e) 257

53. (CMM/06) Sabendo-se que o MMC entre dois números é 150 e o MDC entre os mesmos números é 5, podemos dizer que o produto entre esses números é:

a) 7500
b) 750
c) 155
d) 145
e) 30

54. (CMJF/06) Uma abelha rainha havia dividido as abelhas da colméia em grupos para exploração do ambiente: um de 288 e outro de 360 batedoras. Duas informantes, uma de cada grupo, trouxeram boas notícias: haviam encontrado canteiros floridos. Se você fosse a abelha rainha, como dividiria todas as abelhas desses dois grupos em equipes de trabalho, sabendo que as equipes em cada grupo devem ter o mesmo número de abelhas, sendo esse número o maior possível?

a) 6 grupos de 72 abelhas
b) 7 grupos de 49 abelhas
c) 8 grupos de 64 abelhas
d) 10 grupos de 81 abelhas
e) 9 grupos de 72 abelhas

Nota: A resposta deveria ser número de equipes com certa quantidade de abelhas cada, e não número de grupos com uma certa quantidade de abelhas cada.

55. (CMC/07) Um carpinteiro deve cortar três tábuas de madeira com 24 dm, 27 dm e 30 dm, respectivamente, em pedaços iguais e de maior comprimento possível. Qual deve ser o comprimento de cada pedaço?

a) 7 dm
b) 6 dm
c) 5 dm
d) 4 dm
e) 3 dm

Capítulo 6

Sistema de Numeração

É constituído por um conjunto de regras e símbolos por meio dos quais é possível pode ler, falar e escrever os números.

Base de um Sistema de Numeração

É o número de unidades necessárias de certa ordem, para que possa formar uma unidade de ordem imediatamente superior, ou seja, é o número de elementos do conjunto tomado como padrão.

⇨ **NÚMERO:** É uma idéia de quantidade.

⇨ **NUMERAL:** É qualquer símbolo que usamos para representar uma quantidade. Dessa forma, a quantidade *dez* pode ser representada pelos numerais 10, X, dez, ten, etc....

Sistema de Numeração Decimal

Para se escrever os numerais são necessários apenas dez símbolos, chamados de algarismos, a saber: 1, 2, 3, 4, 5, 6, 7, 8, 9 e 0, sendo os nove primeiros algarismos significativos e o zero insignificante.

Historicamente, os algarismos foram inventados pelos hindus e divulgados pelos árabes, por isso chamamos de algarismos indo-arábicos.

⇨ **ALGARISMOS:** São sinais numéricos ou letras que representam os números.

Os algarismos indo-arábicos são chamados também de dígitos, palavra que vem do latim "digitus", o que significa dedo.

No sistema decimal, adotamos o princípio da posição decimal para a colocação dos algarismos. O número um é a unidade simples. A reunião de dez unidades simples forma a dezena que é a unidade de 2ª ordem. Dez dezenas constituem uma centena, unidade de 3ª ordem e assim sucessivamente.

Exemplo: Vejamos o número 243.189.630.527

4ª CLASSE			3ª CLASSE			2ª CLASSE			1ª CLASSE			CLASSES
BILHÃO			MILHÃO			MILHAR			UNIDADES SIMPLES			DESIGNAÇÃO
12ª ORDEM CENTENAS DE BILHÃO	11ª ORDEM DEZENAS DE BILHÃO	10ª ORDEM UNIDADES DE BILHÃO	9ª ORDEM CENTENAS DE MILHÃO	8ª ORDEM DEZENAS DE MILHÃO	7ª ORDEM UNIDADES DE MILHÃO	6ª ORDEM CENTENAS DE MILHAR	5ª ORDEM DEZENAS DE MILHAR	4ª ORDEM UNIDADES DE MILHAR	3ª ORDEM CENTENAS DE UNIDADES SIMPLES	2ª ORDEM DEZENAS DE UNIDADES SIMPLES	1ª ORDEM UNIDADES SIMPLES	ORDENS
2	4	3	1	8	9	6	3	0	5	2	7	

Existem ainda as classes do trilhão, quatrilhão, quintilhão, sextilhão, septilhão, ...

⇨ **NÚMERO CARDINAL:** É o que exprime quantos elementos há em um conjunto de elementos.
  Exemplo: Vinte e três

⇨ **NÚMERO ORDINAL:** É o que assinala a posição de um elemento no conjunto.
  Exemplo: Vigésimo terceiro (23º)

⇨ **NÚMERO MULTIPLICATIVO:** É o que exprime a multiplicidade dos valores.
  Exemplo 1: duas vezes: duplo ou dobro
  Exemplo 2: três vezes: triplo ou tríplice
  Exemplo 3: quatro vezes: quádruplo
  Exemplo 4: cinco vezes: quíntuplo

Exemplo 5: seis vezes: sêxtuplo
Exemplo 6: sete vezes: sétuplo ou séptulo

Valor do Algarismo no Número

⇨ **VALOR ABSOLUTO:** Não depende da sua posição no numeral.
Exemplo: O valor absoluto do algarismo 4 no número 346 é 4.

⇨ **VALOR RELATIVO:** Depende da sua posição no numeral.
Exemplo: O valor relativo do algarismo 4 no número 346 é 40.

Sistema de Numeração Romana

Os antigos Romanos escreviam os números empregando letras maiúsculas do alfabeto latino. Para essa representação, eles usavam apenas sete letras cujos valores são:

I = 1, V = 5, X = 10, L = 50, C = 100, D = 500 e M = 1000.

Observação: As letras I, X, C e M são chamadas de símbolos fundamentais, pois desde que figurem com valores iguais, são as únicas que podem ser repetidas para a representação de um numeral.

Regras no Emprego dos Algarismos Romanos

1ª) Toda letra colocada à direita da outra de valor menor ou igual, soma-se à primeira.
Exemplo 1: V = 5 ⇨ VI = 6.
Exemplo 2: X = 10 ⇨ XX = 20.

2ª) As letras I, X ou C, e somente essas letras, quando colocadas à esquerda de outra de valor menor, subtraem-se da primeira. Observe que a antecipação é de apenas uma letra.
Exemplo 1: V = 5 ⇨ **IV = 4**.
Exemplo 2: L = 50 ⇨ **XL = 40**
Exemplo 3: M = 1.000 ⇨ **CM = 900**

3ª) Cada um dos algarismos I, X e C só pode anteceder um dos dois de maior valor que lhe sucedem na ordem crescente (I, V, X, L, C, D, M), ou seja:
   I antes de V ou de X;
   X antes de L ou de C;
   C antes de D ou de M.

Observe na tabela a seguir alguns erros comuns e sua forma correta:

ALGARISMOS ROMANOS		
INDO-ARÁBICO	INCORRETO	CORRETO
49	IL	XLIX
99	IC	XCIX
499	ID	CDXCIX
990	XM	CMXC
40	XXXX	XL
80	XXC	LXXX
45	VL	XLV

4ª) Desde que figurem com valores iguais, um mesmo algarismo só pode ser repetido, no máximo, duas vezes, exceto os algarismos V, L e D que não podem ser repetidos no mesmo número.

   Exemplo 1: $\overline{\overline{VVV}} = 5.050.005$

   Exemplo 2: $\overline{\overline{\overline{XXXXX}}} = 10.000.010.030$

5ª) Cada traço horizontal colocado sobre um algarismo romano multiplica o valor desse por mil.

   Exemplo 1: $X = 10 \Rightarrow \overline{X} = 10.000$
   Exemplo 2: $V = 5 \Rightarrow \overline{\overline{V}} = 5.000.000$

Cuidado: O menor número que possui um traço horizontal é o $\overline{IV}$, ou seja, os valores 1.000, 2.000 e 3.000 **não** se escrevem, respectivamente, das formas $\overline{i}$, $\overline{ii}$ e $\overline{iii}$, mas sim das formas M, MM e MMM.

6ª) Se uma letra de valor menor estiver entre duas letras de valores maiores, será subtraída da que lhe fica adiante, sem sofrer alteração alguma a que lhe fica atrás.
   Exemplo 1: MCM = 1.900
   Exemplo 2: LXIV = 64

Números Naturais (N)

É o conjunto de todos os números inteiros e positivos, além do zero.
N = {0, 1, 2, 3, 4, 5, ...}

Números Inteiros (Z)

Z = {........., -3, -2, -1, 0, 1, 2, 3, ...}

Sucessão de Números

É um conceito dos números naturais ou inteiros pelo acréscimo de mais uma unidade.
    Exemplo 1: O sucessor(consecutivo) do n° 4 é o n° 5;
    Exemplo 2: O antecessor do n° 4 é o n° 3.

Números Pares

É um conceito dos números naturais ou inteiros, sendo esses números múltiplos de dois.
    Exemplo 1: 14 é par
    Exemplo 2: 2,14 não é par

Números Ímpares

É um conceito dos números naturais ou inteiros, sendo aqueles que não são múltiplos de 2.
    Exemplo 1: 17 é ímpar
    Exemplo2: 1,7 não é ímpar

Sucessão dos Números Pares ou Ímpares

A sucessão se dá pelo acréscimo de duas unidades.
    Exemplo 1: O par sucessor(consecutivo) do n° 4 é o n° 6.
    Exemplo 2: O ímpar consecutivo do n° 3 é o n° 5.

Quantidade de Números em uma Sucessão de Naturais

É igual ao último número menos o primeiro mais um.
 Exemplo 1: De 5 até 12 ⇨ 12 – 5 + 1 = 8 números

Nota 1: A utilização das palavras **inclusive** (não altera a sucessão) e **exclusive** (exclui-se o número designado).
 Exemplo 2: De 5 exclusive a 12 inclusive = 12 – 5 + 1 – 1
 Exemplo 3: De 5 a 12 exclusive = 12 – 5 + 1 – 1
 Exemplo 4: De 5 a 12, ambos exclusives = 12 – 5 + 1 – 2

Nota 2: Cuidado com a palavra **entre**, pois excluímos o primeiro e o último número.
 Exemplo 5: Quantos números há **entre** 5 e 12?

Resposta: 12 – 5 + 1 – 2 ⇨ 7 números

Quantidade de Números Pares ou Ímpares em uma Sucessão

Começando por um número par e terminando por um número ímpar ou vice-versa, a metade dos números escritos é par e a outra metade é ímpar.
Exemplo: De 31 a 44 ⇨ 44 – 31 + 1 ⇨ 14 ⇨ 14 : 2 ⇨ 7 pares e 7 ímpares.

Fórmula para Calcular a Quantidade de Algarismos em uma Sucessão de 1 até n

$$Q = (n+1).K_n - \underbrace{111........11}_{K_n}$$

Q ⇨ Quantidade de algarismos
n ⇨ último número
K_n ⇨ Quantidade de algarismos de n

Exemplo 1: Quantos algarismos eu utilizo para escrever de 1 até 234?
n = 234
K_n = 3
Q = (234 + 1). 3 – 111 ⇨ Q = 235 . 3 – 111 ⇨ Q = 705 – 111 ⇨ Q = 594 algarismos

Decomposição dos Números (forma polinomial)

⇨ Um número de dois algarismos: ab = 10a + b
⇨ Um nº de três algarismos: abc = 100a + 10b + c

Características de um Número de Dois Algarismos com a Inversão das Ordens

1ª) ADIÇÃO: ab + ba
⇨ Será sempre múltiplo de onze

2ª) SUBTRAÇÃO: ab – ba
⇨ Será sempre um múltiplo de nove

Acréscimo de Algarismos em um Número

01. Qual é o número que aumenta de 346 quando acrescentamos um 4 à sua direita?

Solução:
Consideremos que o número que eu desconheço seja x. Agora vamos acrescentar um 4 à direita ⇨ x4.

Já que aumentou de 346 unidades ⇨ x4 – x = 346 ⇨ decompondo x4 ⇨ 10x + 4 – x = 346
⇨ 9x = 342 ⇨ x = 38

Quantidade de Vezes que um Algarismo Significativo Aparece em uma Sucessão

01. Quantas vezes o algarismo 8 aparece na sucessão dos números naturais de 1 a 3.000?

Solução:
Sendo de 1 até um número que possui um algarismo significativo.

> Dividir o número por 10 para descobrir quantas vezes ele apareceu em cada ordem, exceto a última, ou seja, 3000 : 10 = 300

Questões dos Colégios Militares

01. (CMRJ/93) Ficou resolvido que, num loteamento, a numeração contínua dos lotes teria início no número 34 e terminaria no número 576 e seria colocado um poste de luz em frente a cada lote que tivesse o algarismo 7 na casa das unidades. Sabe-se que foram comprados 73 postes, assim sendo, podemos afirmar que:

a) O número de postes comprados foi igual ao número de postes necessários;
b) Sobraram 19 postes;
c) O número correto de postes seria 52;
d) Deveriam ser comprados mais 458 postes;
e) Ficariam faltando 470 postes.

02. (CMRJ/94) Em um documento histórico do tempo do antigo Império Romano, havia referências a um cidadão que nascera no ano XLIX e morrera no ano CXIV, pouco depois de completar mais um aniversário. Indique a idade com que esse cidadão morreu, usando o mesmo sistema de numeração daquela época:

a) XXV
b) XXXV
c) XLV
d) LXV
e) LXXV

03. (CMRJ/94) Considere a soma dos cinco maiores números naturais menores que 500, cujos numerais são escritos com algarismos diferentes. A diferença entre o valor relativo e o valor absoluto do algarismo das dezenas nessa soma é:

a) 0
b) 54
c) 63
d) 72
e) 81

04. (CMRJ/95) Isaac Newton nasceu no ano representado por um numeral cujo algarismo das unidades simples é, ao mesmo tempo, a metade do algarismo das dezenas simples, a terça parte do algarismo das centenas simples e o dobro do algarismo das unidades de milhar. A soma dos valores absolutos desses algarismos é 13. Indique, entre as alternativas abaixo, aquela que representa o ano do nascimento do grande matemático, escrito em algarismos romanos:

a) MCDXLII
b) MDCXLII
c) MCDXXX
d) MDLXXII
e) MCCCLII

05. (CMRJ/95) Considere as seguintes condições:

1ª) $x \in \{1, 2, 3, 4, 5, 6, 7, 8, 9\}$
2ª) $y \in \{0, 1, 2, 3, 4, 5, 6, 7, 8, 9\}$
3ª) $z \in \{0, 1, 2, 3, 4, 5, 6, 7, 8, 9\}$
4ª)   X X X
    + Y Y Y
    ─────────
    X X X Z

Levando-se em conta as condições dadas, qual é o valor de X + Y + Z ?

a) 11
b) 10
c) 9
d) 8
e) 7.

06. (CMRJ/96) Na Roma Antiga, um camponês tinha MCDXXXIII ovelhas e vendeu CMLXXXIX delas para uma festança popular, oferecida pelo Imperador. O número de ovelhas que ficaram no curral pode ser indicado por:

a) DLXIV
b) DLIV
c) DCXIV
d) CDLIV
e) CDXLIV

07. (CMRJ/97) A diferença entre os números MCMLXXVII e DCXLIII, escritos em algarismos romanos é:

a) DCCVIII
b) CDXXVII
c) MCCCXXXIV
d) CCXCVII
e) MXXXIV

08. (CMRJ/97) Em um número de dois algarismos, troca-se o algarismo das dezenas com o das unidades. O número assim obtido tem 54 unidades a menos. Sabendo que o Máximo Divisor Comum entre os algarismos que formam o número procurado é 2, podemos afirmar que esse número é:

a) divisível por 31;
b) primo;
c) múltiplo de 41;
d) múltiplo de 13;
e) múltiplo de 17.

09. (CMRJ/98) Uma contagem em ordem decrescente começa a partir do número 1.999. Dessa lista, destacou-se o maior número com algarismos distintos. Esse número, escrito no sistema de numeração romana, teria a seguinte representação:

a) MCMLXXXIX
b) MCMXCVIII
c) MMXIII
d) MCMLXXXVII
e) MMCXXX

10. (CMRJ/98) Um teatro possui 785 poltronas para acomodar os espectadores, todas enumeradas de 1 a 785. Para enumerar as poltronas de numeração par são necessários:

a) 785 algarismos
b) 1.123 algarismos
c) 2.245 algarismos
d) 1.210 algarismos
e) 2.355 algarismos

11. (CMRJ/99) Um numeral é escrito com 6 algarismos, sendo que o algarismo 1 ocupa a ordem das centenas de milhar. Se esse algarismo 1 for colocado à direita dos outros 5 algarismos, o valor do numeral original fica multiplicado por três. A diferença entre o maior e o menor dos números correspondentes a esses dois numerais é:

a) 285.714
b) 342.857
c) 358.471
d) 374.853
e) 428.571

12. (CMRJ/00) Se no numeral MMCXLVII trocarmos as posições dos algarismos C e X, colocando o algarismo C entre os dois algarismos M e o algarismo X entre os algarismos L e V, o número inicial fica:

a) diminuído de 80 unidades;
b) diminuído de 120 unidades;
c) diminuído de 180 unidades;
d) aumentado de 80 unidades;
e) aumentado de 120 unidades.

13. (CMRJ/00) Uma escola agrícola está participando do projeto de reflorestamento de uma estrada. Ficou decidido que a escola ficaria encarregada de plantar mudas de árvores no trecho compreendido entre os quilômetros 54 e 285, cabendo-lhe plantar 50 mudas em cada quilômetro cuja numeração tivesse o algarismo 6 na ordem das unidades. Para isso, foram preparadas 1.000 mudas de árvores. Assim sendo, podemos afirmar que:

a) deveriam ser preparadas mais 150 mudas de árvores;
b) sobrarão 150 mudas de árvores;
c) seriam necessárias 1.200 mudas de árvores;
d) seriam necessárias 1.600 mudas de árvores;
e) o número de mudas de árvores preparadas é igual ao número de mudas que serão plantadas.

14. (CMRJ/00) Se o algarismo 1 for colocado após o numeral DU, onde D representa o algarismo das dezenas e U representa o algarismo das unidades, então, o valor do novo numeral é dado por:

a) $D + U + 1$
b) $10 \times D + U + 1$
c) $100 \times D + 10 \times U + 1$
d) $100 \times U + 10 \times D + 1$
e) $1.000 \times D + 10 \times U + 1$

15. (CMRJ/01) A quantidade de algarismos necessários para escrever todos os numerais de números naturais ímpares, compreendidos entre o número 64 e o número 1.012, é:

a) 1.410
b) 1.411
c) 1.415
d) 1.420
e) 1.510

16. (CMRJ/01) Ao número da placa do carro do meu pai somei 398 e depois subtraí 97. Encontrei o triplo de 1.096. Qual é a placa do carro do meu pai, em algarismos romanos?

a) MMMCCLXXXVIII
b) MMMCCCLXXXV
c) MMDCCCXCVII
d) MMCMLXXXVII
e) MMCMLXXVII

17. (CMRJ/03) Seja o numeral 222.222.222. Dividindo o valor relativo do algarismo da dezena de milhar pelo quíntuplo do valor absoluto do algarismo da dezena simples, obtemos como resultado:

a) $\dfrac{1}{5}$

b) $\dfrac{1}{50}$

c) 2.000

d) 200.000

e) 2.000.000

18. (CMRJ/03) Com relação aos numerais DCCLXXXI, CCVI, MIX, LXXXIX e DXLII, a única afirmativa falsa, entre as seguintes, é:

a) o primeiro desses números é primo;
b) a soma dos números múltiplos de 2 é igual a DCCXLVIII;
c) a diferença entre o maior e o menor desses números é igual a CMXX;
d) sucessor do menor deles é XC;
e) nenhum deles é divisível por LXIV.

19. (CMRJ/08) Entre os primeiros mil números naturais pares maiores que 1.000, quantos são divisíveis por 2, 3, 4 e 5, simultaneamente?

a) 30
b) 31
c) 32
d) 33
e) 34

20. (CMB/03) Pedro enumerou, em ordem crescente, a partir do número 1, todas as 98 páginas do seu caderno. A quantidade de algarismos que ele escreveu é igual a X. A soma dos algarismos de X é igual a:

a) 16
b) 15
c) 17
d) 18
e) 14

21. (CMB/04) Considere o conjunto N dos números naturais. Subtraindo-se, do maior número de 4 algarismos distintos entre si, o sêxtuplo do menor número de 4 algarismos ímpares distintos entre si, obtemos um número da forma abcd, no qual se observa que:

a) $c - a = d - b$
b) $a \times d = b + c$
c) $(10 \times a : b) = 2(10 \times c + d)$
d) $a = b : (c + d)$
e) $c + d = a + b$

22. (CMB/05) Um pintor recebeu a quantia de R$ 62,10 para numerar todas as salas de aula do Colégio Militar de Brasília. Para tanto, o pintor cobrou a quantia de R$ 0,05 por algarismo pintado. Quantas salas de aula há no colégio?

a) 351
b) 450
c) 456
d) 1.053
e) 1.242

23. (CMB/05) Para enumerar as páginas de um trabalho de matemática, um aluno da 5ª série, do Colégio Militar de Brasília, digitou 2.004 algarismos a partir da página 1. Quantas páginas possui o trabalho?

a) 605
b) 700
c) 702
d) 704
e) 706

24. (CMB/05) Transformando-se o numeral romano $\overline{\overline{VI}\,\overline{XL}XXI}$ em indo-arábico, obtém-se o número A. O produto dos algarismos de A é igual a:

a) 0
b) 14
c) 7.440
d) 7.441
e) 6.040.031

25. (CMB/05) A quantidade de algarismos existentes na sequência dos números naturais que se inicia por 1 e termina em 2005, inclusive, é:

a) 6904
b) 6905
c) 6912
d) 6913
e) 6914

26. (CMB/05) Em uma livraria do Colégio Militar de Brasília, comprei várias dúzias de lápis e me deram 1 lápis a mais para cada duas dúzias compradas. Se recebi 425 lápis, quantas dúzias comprei?

a) 34
b) 35
c) 36
d) 16
e) 17

27. (CMB/06) Observe a seguinte frase: "O Rei Fernando CMXCIX realizou grandes festivais". Ao se transformar o numeral romano em indo-arábico, obtém-se o número natural N. Determine o produto dos algarismos de N:

a) 27

b) 629
c) 729
d) 829
e) 999

28. (CMB/06) Determine o quociente e o resto, respectivamente, da divisão entre a quantidade de ordens e a quantidade de classes do número 9.876.543.210:

a) 3 e 1
b) 3 e 0
c) 1 e 2
d) 2 e 1
e) 2 e 2

29. (CMB/06) Marque a opção verdadeira no que tange ao número 1234567:

a) Possui 3 ordens;
b) Possui 7 classes;
c) O valor relativo do algarismo 2 é 200000;
d) O valor absoluto do algarismo 5 é 500;
e) A maior classe é a dos milhares.

30. (CMBH/02) Sendo N = { $\overline{V}$ - [L . X + CD : V + (V – I) . M] }, a representação decimal do número N, é igual a:

a) 424
b) 420
c) 402
d) 240
e) 204

31. (CMBH/02) Um artista foi contratado para numerar as 185 páginas de um álbum, tendo sido combinado que o mesmo receberia R$ 2,00 por algarismo desenhado. Ao final de seu trabalho, este artista recebeu:

a) R$ 894,00
b) R$ 890,00
c) R$ 370,00
d) R$ 445,00
e) R$ 447,00

32. (CMBH/03) Somando-se o antecessor de 108540 com o sucessor de 543299, obtém-se um número cujo valor relativo do algarismo da 3ª ordem é:

a) 8
b) 80
c) 800
d) 8000
e) 80000

33. (CMBH/03) Carolina digitou um trabalho de 100 páginas, numeradas de 1 a 100, e o imprimiu. Ao folhear o trabalho, percebeu que sua impressora estava com defeito, pois estava trocando o 2 pelo 5 e o 5 pelo 2. Depois de resolver o problema, reimprimiu somente as páginas defeituosas, que eram, ao todo:

a) 18
b) 22
c) 32
d) 34
e) 36

34. (CMBH/04) A Maratona é a prova mais tradicional dos Jogos Olímpicos, na qual os atletas devem percorrer a distância aproximada de 42km. Em Atenas, onde aconteceram as Olimpíadas de 2004, os organizadores da Maratona utilizaram exatamente 867 algarismos para numerar, em ordem crescente, sucessiva e a partir do número 1, todos os atletas inscritos. Com base nesses dados, pode-se afirmar que o número total de atletas inscritos na Maratona foi igual a:

a) 189
b) 226
c) 325
d) 378
e) 678

35. (CMBH/04) Em uma turma de 4ª série, a professora de matemática pediu aos alunos que resolvessem a seguinte expressão, envolvendo o sistema romano de numeração:

$$[\, V \cdot (\, \overline{X} : C + III \,) - XV : III + II \,] : VIII$$

Transformando o resultado obtido em um número do sistema decimal será encontrado:

a) 32
b) 46

c) 48
d) 64
e) 68

36. (CMS/01) Observe os números correspondentes às letras R, S, T, U e V no quadro abaixo:

R	S	T	U	V
100	110	96	140	72

Colocando estes números em ordem crescente teremos a seguinte seqüência de letras:

a) R, S, T, U, V
b) V, R, S, T, U
c) V, T, R, S, U
d) R, V, T, U, S
e) R, T, U, S, V

37. (CMS/01) Pedro colocou uma senha para proteger o acesso a seu computador. Para não esquecê-la, ele a anotou em sua agenda como uma operação feita com algarismos romanos, resultando na seguinte expressão:

XL x IX : V + CM : XX + X + D : CXXV

Agora, para acessar o seu computador, Pedro deverá digitar o resultado desta expressão. Assinale a alternativa que contém a senha que ele deverá digitar. (ATENÇÃO: O "X" é um algarismo romano, e "**x**" é o sinal de multiplicação).

a) CCXLI
b) CXXXI
c) CXVI
d) XLIII
e) CCIL

38. (CMS/01) Para numerar as páginas de um livro, necessitamos de 2001 algarismos. O número de páginas deste livro é:

a) 700
b) 701
c) 702
d) 703
e) 704

39. (CMS/02) Considere um número natural A. Sabendo que A é um número ímpar, A > 3 e A < 6 então, A é igual a:

a) 1
b) 3
c) 5
d) 7
e) 9

40. (CMS/03) A quantidade de centos de laranja que há em 9682 laranjas é igual a:

a) 120
b) 60
c) 82
d) 96
e) 53

41. (CMS/03) Ivan resolveu criar uma senha para o seu microcomputador. Para isso, ele seguiu os seguintes procedimentos:

1º) Criou a frase:"MALA DE LUXO".
2º) Apagou todas as vogais.
3º) Considerou cada letra restante como sendo um algarismo romano e os converteu em algarismos arábicos.
4º) Efetuou a soma dos valores.
5º) Dividiu o total por 5.

Seguindo esses procedimentos, na ordem dada, a senha criada por Ivan foi igual a:

a) 142
b) 302
c) 412
d) 322
e) 422

42. (CMS/06) Dado o número 256184309, quantas vezes o valor relativo do algarismo 8 é maior que seu valor absoluto?

a) 10
b) 100
c) 1000

d) 80000
e) 10000

43. (CMSM/03) Um aluno para ingressar no Colégio Militar precisa ser brasileiro, ter concluído ou estar cursando a 4ª série do Ensino Fundamental, ter de 10 a 13 anos de idade, até 31 de dezembro do ano da matrícula, entre outros requisitos exigidos. Você está resolvendo a prova de Matemática do Concurso de Admissão 2003/2004 para a matrícula em 2004. Abaixo temos cinco datas de nascimento, identifique a data de nascimento de um aluno que não pode prestar o concurso:

a) 01 de setembro de 1992
b) 13 de agosto de 1991
c) 26 de junho de 1993
d) 31 de dezembro de 1989
e) 25 de agosto de 1994

44. (CMSM/04) Os números 48.371 e 71.834 são formados pelos mesmos algarismos. Ao determinarmos o maior e o menor número formado pelos cinco algarismos (4, 8, 3, 7 e 1), sem repeti-los, qual algarismo ocupa a mesma posição?

a) 1
b) 3
c) 7
d) 4
e) 8

45. (CMSM/04) As palavras ordem e união se relacionam com a matemática. Você está participando de um concurso com 50 vagas. Identifique a letra com a colocação que não serve para você ser aprovado e classificado:

a) Vigésimo oitavo
b) Septuagésimo quarto
c) Trigésimo sexto
d) Décimo terceiro
e) Quadragésimo segundo

46. (CMSM/05) Em um campeonato de ciclismo partiram mil trezentos e nove atletas. Desses, cinco centenas e quatro dezenas desistiram no meio do percurso. Quantos ciclistas completaram o percurso?

a) 1.255
b) 769

c) 850
d) 499
e) 985

47. (CMR/03) A alternativa que apresenta o menor numeral é:

a) LX
b) XLIX
c) LXI
d) LIX
e) LXIX

48. (CMR/04) Paulo, ao efetuar a soma entre o maior número de 5 algarismos diferentes e o menor número também de 5 algarismos diferentes, obteve o seguinte resultado:

a) 67.023
b) 69.134
c) 108.999
d) 111.110
e) 153.086

49. (CMR/04) Assinale a alternativa ERRADA:

a) No sistema decimal de numeração, um número que tem 8 algarismos possui 3 classes;
b) O maior valor relativo que podemos encontrar, em um número natural compreendido entre 650 e 1430, na ordem das centenas é 400;
c) O zero não é divisor de número algum;
d) O menor número natural primo é o número 2;
e) Todo número natural tem sucessor.

50. (CMR/07) Subindo a escada e chegando assim ao 1º andar, as crianças encontraram uma operação escrita na parede, como o que segue:

	C	C	C	C
	M	M	M	M
+	R	R	R	R
M	C	C	C	R

Na operação acima, C, M e R são algarismos distintos. Então, o valor de (C + M). R é:

a) 17
b) 18

c) 80
d) 81
e) 72

51. (CMR/07) Rita sonhava em comprar muitos livros, pois ela adorava ler. O último livro que ela leu era numerado começando da página 1 e foram utilizados 261 algarismos. A quantidade de páginas numeradas foi:

a) 123
b) 132
c) 237
d) 261
e) 321

52. (CMPA/02) Ao escrevermos o numeral 3389, utilizando algarismos do sistema de numeração romana, a letra X aparecerá:

a) uma vez
b) duas vezes
c) três vezes
d) quatro vezes
e) cinco vezes

53. (CMPA/02) José deseja escrever todos os números ímpares maiores do que 10 e menores do que 1000. Ele só pode usar os algarismos 5, 6, 7, e 8; não podendo repetir algarismos em um mesmo número. Quantos números ele escreverá?

a) 20
b) 18
c) 12
d) 8
e) 6

54. (CMPA/03) O produto (multiplicação) do antecessor do maior número natural par com dois algarismos iguais, pelo sucessor do maior número natural ímpar com três algarismos diferentes, será igual a:

a) 85.956
b) 97.902
c) 85.000
d) 86.856
e) 95.836

55. (CMPA/05) O numeral romano MMCDLXXXIX corresponde ao numeral indo-arábico:

a) 2538
b) 2480
c) 2679
d) 2589
e) 2489

56. (CMPA/05) No sistema de numeração decimal, certo número tem 4 classes e 11 ordens. Então, esse número possui:

a) 4 algarismos
b) 7 algarismos
c) 11 algarismos
d) 15 algarismos
e) 44 algarismos

57. (CMPA/05) A diferença entre o maior número par de cinco algarismos diferentes e o menor número ímpar de cinco algarismos diferentes é:

a) 88529
b) 78925
c) 77777
d) 88531
e) 97529

58. (CMPA/05) Considere os números naturais dispostos em sequência e assinale:

⇨ Os cinco primeiros números pares;
⇨ Os três primeiros números naturais;
⇨ Os cinco primeiros números primos.

Quantos números diferentes você assinalou?

a) 5
b) 13
c) 11
d) 10
e) 8

59. (CMPA/06) No sistema de numeração decimal, o numeral que representa cinco unidades de bilhão mais duas centenas de milhão mais três dezenas corresponde a:

a) 5.002.030
b) 5.200.030
c) 5.200.000.030
d) 5.002.000.003
e) 5.020.000.003

60. (CMPA/07) Colocando o algarismo zero entre os algarismos 4 e 9, no número 495, o valor relativo do algarismo 4, no novo número obtido, ficará:

a) aumentado de 400 centenas;
b) diminuído de 36 centenas;
c) aumentado de 3600 unidades;
d) diminuído de 4000 unidades;
e) aumentado de 1000 unidades.

61. (CMPA/08) Ana escreveu, em ordem crescente, na parede de seu quarto, todos os números naturais de 1 a 100, que são múltiplos de 8 ou têm o algarismo 8. Quantos números ela escreveu?

a) 31
b) 30
c) 29
d) 28
e) 27

62. (CMF/05) A quantidade de dezenas de milhar que existem em 2/5 de um bilhão é:

a) 40
b) 400
c) 4000
d) 40000
e) 400000

63. (CMF/05) As letras A, B, C, D, E e F representam algarismos na multiplicação abaixo:

	A	B	C	4	D	E
x						7
6	7	4	3	F	5	6

Com base na informação dada, podemos afirmar que o valor de A + B + C é:

a) 18
b) 19
c) 20
d) 21
e) 22

64. (CMF/05) Na adição abaixo, cinco algarismos estão ocultos pelos quadrados. Um dos resultados possíveis para a soma desses algarismos é:

```
      8  9  □  □
      9  □  □  3
   +  □  8  9  1
   ─────────────
   2  1  6  2  0
```

a) 24
b) 25
c) 26
d) 27
e) 28

65. (CMF/06) Tenho um saco com 39 laranjas. A quantidade de laranjas que faltam para completar 4 dúzias é:

a) 6
b) 7
c) 8
d) 9
e) 10

66. (CMCG/05) Dividindo-se o número CMLXIII por CVII, escritos no sistema de numeração romano, o quociente será de:

a) CX
b) XC
c) IX
d) XX
e) I

67. (CMCG/05) O número constituído por 4 unidades de 5ª ordem, 3 unidades de milhar, 8 centenas, 4 dezenas e 7 unidades de 1ª ordem é:

a) 43847
b) 403847
c) 538407
d) 5384700
e) 53874

68. (CMCG/05) A diferença entre o menor número de seis algarismos e o maior número de quatro algarismos é:

a) 990.001
b) 99.999
c) 9.001
d) 900.001
e) 90.001

69. (CMCG/05) Um livro tem 137 páginas. A quantidade de algarismos necessária para numerar todas as páginas desse livro foi de:

a) 137
b) 274
c) 293
d) 303
e) 411

70. (CMCG/06) Em 1972, a população do Brasil era de 94,6 milhões. Qual das opções abaixo representa a população do Brasil em 1972?

a) 94.600
b) 946.000
c) 9.460.000
d) 94.600.000
e) 94.600.000.000

71. (CMCG/07) Os números da figura abaixo foram escritos com algarismos romanos. Efetuando a operação indicada, encontramos como resultado:

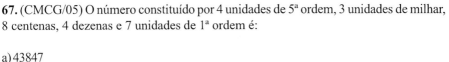

MCMXCIX + CXI

a) MCX
b) MCXI
c) MMCCXXI
d) MMCX
e) MMCXI

72. (CMM/03) O consecutivo do maior número formado por três algarismos distintos é:

a) 999
b) 988
c) 1000
d) 987
e) 986

73. (CMM/04) Três números naturais e múltiplos consecutivos de 5 são tais que o triplo do menor é igual ao dobro do maior. Dentre esses números, o maior é:

a) ímpar;
b) múltiplo de 3;
c) quadrado perfeito;
d) divisor de 500;
e) divisível por 4.

74. (CMM/06) O número natural que é decomposto como 7 x 10000 + 9 x 1000 + 3 x 10 + 5, foi assinalado por Ivani como:

a) 7935
b) 79305
c) 79350
d) 79035
e) 79053

75. (CMJF/06) Sérgio, Luciana, Júlia, Wagner, Roberto e Cláudia moram em casas com números naturais consecutivos. Seguindo as pistas, descubra a casa em que cada um mora e o respectivo número de cada casa. (Observe que existe um número em umas das casas)

1ª pista: O número da casa de Sérgio é o sucessor do número da casa de Luciana.

2ª pista: O número da casa de Cláudia é o antecessor do número da casa de Wagner.
3ª pista: O número da casa de Júlia é o antecessor do número da casa de Luciana.
4ª pista: Os números das casas de Sérgio, Roberto e Cláudia são consecutivos, nessa ordem.

a) Sérgio 65, Luciana 66, Cláudia 67, Wagner 68, Roberto 69 e Júlia 70;
b) Luciana 65, Sérgio 66, Roberto 68, Wagner 69, Cláudia 70 e Júlia 67;
c) Júlia 65, Luciana 66, Sérgio 67, Roberto 68, Cláudia 69 e Wagner 70;
d) Wagner 65, Júlia 66, Luciana 67, Sérgio 68, Roberto 69 e Cláudia 70;
e) Wagner 65, Cláudia 66, Roberto 67, Sérgio 68, Luciana 69 e Júlia 70.

76. (CMJF/06) Veja o número representado na tela da calculadora:

| 3 | 4 | 5 | 3 | 9 | 1 | 2 | 1 | 0 | 0 |

Sobre o algarismo que está na 6ª ordem, ou seja, a ordem das centenas de milhar, podemos dizer que:

a) é primo
b) é divisor de 3
c) é múltiplo de 2
d) é o maior número natural
e) possui 3 divisores positivos

77. (CMC/07) Um grande hotel, com 100 quartos, está sendo construído na praia dos Amores. Os quartos serão numerados de 1 a 100, com algarismos de metal. Seu Geraldo foi encarregado de comprar os algarismos necessários. Quantos algarismos 7 seu Geraldo deverá encomendar?

a) 20
b) 10
c) 7
d) 17
e) 27

Capítulo 7

Números Naturais e Inteiros

As Operações Fundamentais

As operações fundamentais da Aritmética são quatro, a saber, **adição, subtração, multiplicação e divisão**. Vamos estudá-las então:

Adição

⇨ **Definição:** A soma de dois ou mais números naturais é o número que contém todas as unidades dos números dados.
    Exemplo 1: 7 + 2 = 9. Os números 7 e 2 chamamos de **parcelas ou adendos**, enquanto que o número 9 é a **soma ou total**.

⇨ **Consequência:** A soma de dois números naturais é igual ou maior do que qualquer deles.

Propriedades

Elemento Neutro: O **zero** é o elemento neutro da adição, pois quando somado a qualquer outro número inteiro, reproduz sempre o próprio número, mesmo comutando as parcelas.
    Exemplo 1: 5 + 0 = 0 + 5 = 5

Comutativa: A ordem das **parcelas** não altera a **soma**.
Exemplo 1: $5 + 3 = 8 \Rightarrow 3 + 5 = 8$

Associativa: A soma não se altera quando se substituem duas ou mais parcelas pela sua **soma**.
Exemplo 1: $5 + 7 + 2 = 5 + (7 + 2)$.

Dissociativa: A soma não e altera quando se substitui qualquer parcela pela **soma** de duas ou mais parcelas das quais a mesma é a soma.
Exemplo 1: $4 + 9 = 4 + (3 + 6)$.

Fechamento: A soma de dois números naturais é um número natural.

Adição de Igualdades e Desigualdades:
⇨ Somando-se, membro a membro, duas igualdades, obtemos outra igualdade. Essa propriedade decorre da Lei de **unicidade**.
Exemplo 1: $6 = 6 \Rightarrow 6 + 2 = 6 + 2$

⇨ Somando-se, membro a membro, uma igualdade a uma desigualdade obtemos uma desigualdade do mesmo sentido daquela. Essa propriedade decorre da Lei **monotônica**.
Exemplo 1: $5 < 8 \Rightarrow 5 + 1 < 8 + 1$

Subtração

⇨ **Definição:** A diferença de dois números naturais, enunciados em certa ordem, é um terceiro número que, somado ao segundo, dá como resultado o **primeiro**.
Exemplo 1: $7 - 4 = 3$. O número 7 denomina-se **minuendo** e o número 4, **subtraendo** e o número 3 é o **resto, diferença ou excesso**.

⇨ **Consequência:** Se o minuendo for maior do que o subtraendo, o resto será um número **natural**, se o minuendo for igual ao subtraendo, o resto será **nulo** e se o minuendo for menor do que o subtraendo, o resto será um número inteiro **negativo**.

Propriedades

Subtração de Igualdades e Desigualdades: Subtraindo-se o mesmo número nos membros de uma desigualdade, obtemos uma outra desigualdade do mesmo sentido daquela. Esta propriedade decorre da Lei **monotônica**.
Exemplo 1: $7 > 4 \Rightarrow 7 - 2 > 4 - 2$.

Observação: Na subtração não existem as propriedades **comutativa, elemento neutro, associativa, dissociativa e fechamento (no Universo dos Naturais).**

Princípios Gerais

A diferença de dois números **não se altera**, somando-se ou subtraindo-se um mesmo número ao minuendo e ao subtraendo.
 Exemplo 1: $7 - 3 = 4 \Rightarrow 7 + 2 - (3 + 2) = 4$

O minuendo varia no **mesmo** sentido do resto.
 Exemplo 1: $8 - 5 = 3 \Rightarrow 8 + 1 - 5 = 4$.
 Exemplo 2: $8 - 5 = 3 \Rightarrow 8 - 1 - 5 = 2$.

O subtraendo varia em sentido **oposto** ao resto.
 Exemplo 1: $8 - 5 = 3 \Rightarrow 8 - (5 + 1) = 2$.
 Exemplo 2: $8 - 5 = 3 \Rightarrow 8 - (5 - 1) = 4$.

Complemento Aritmético

O Complemento Aritmético de um número é a **diferença** entre a unidade decimal que lhe é imediatamente superior e o próprio número.
 Exemplo 1: O complemento aritmético de 12 é 88, pois $100 - 12 = 88$.
 Exemplo 2: O complemento aritmético de 200 é 800, pois $1000 - 200 = 800$.
 Exemplo 3: O complemento aritmético de 3127 é 6873, pois $10000 - 3127 = 6873$

Multiplicação

⇨ **Definição:** Dá-se a denominação de produto de um número natural "m" por outro número natural "p", maior que 1(um), à soma de "p" parcelas iguais a "m".
 Exemplo 1: $m \times p = m + m + m + \ldots$ ("p" parcelas).
 Exemplo 2: $4 \times 3 = 4 + 4 + 4$ (3 parcelas iguais a 4).

⇨ **Consequência:** O produto de dois números inteiros positivos é igual ou maior do que qualquer deles.

Número de algarismos do produto

⇨ **Dois fatores:** É igual à soma das quantidades de algarismos do multiplicando e do multiplicador, ou igual a essa soma diminuída de uma unidade.
   Exemplo 1: 134 x 25 = (3 +2) algarismos ou (3 + 2 – 1) algarismos

⇨ **Mais de dois fatores:** Utilizemos a Regra Geral ⇨ A quantidade estará entre a soma de todos os algarismos subtraído da diferença entre a quantidade de fatores menos 1 até a soma das quantidades de algarismos.
   Exemplo 1: 23 x 14 x 17 = (2 + 2 + 2) algarismos ou [6 – (3 – 1)], ou seja, de 4 até 6 algarismos;
   Exemplo 2: 7 x 65 x 133 x 9 = (1 + 2 + 3 + 1) algarismos ou [7 – (4 – 1)], ou seja, de 4 até 7 algarismos.

Propriedades

Elemento Neutro: O número natural **1** é o elemento neutro da multiplicação.
   Exemplo 1: 4 x 1 = 1 x 4 = 4

Comutativa: A ordem dos **fatores** não altera o **produto.**
   Exemplo 1: 5 x 3 = 15 ⇨ 3 x 5 = 15

Associativa: O produto não se altera quando se substituem dois ou mais fatores pelo seu produto.
   Exemplo 1: 5 x **2 x 3** x 4 = 5 x **6** x 4.

Dissociativa: O produto não se altera quando se substitui um dos fatores por dois ou mais fatores dos quais aquele é o produto.
   Exemplo 1: 5 x **12** x 2 = 5 x **3 x 4** x 2

Fechamento: O produto de dois números naturais é um número natural.

Multiplicação de Igualdades e Desigualdades:
⇨ Multiplicando-se por um número diferente de zero, membro a membro, duas igualdades, obtemos outra igualdade. Essa propriedade decorre da Lei de **unicidade.**
   Exemplo 1: 6 = 6 ⇨ 6 x 2 = 6 x 2

⇨ Multiplicando-se por um número diferente de zero, membro a membro, uma igualdade a uma desigualdade, obtemos uma desigualdade do mesmo sentido daquela. Essa propriedade decorre da Lei **monotônica.**
   Exemplo 1: 5 < 8 ⇨ 5 x 2 < 8 x 2

Distributiva: Na multiplicação de uma soma ou diferença por um número inteiro, multiplica-se cada um dos seus termos por esse número e somam-se ou subtraem-se os resultados.
   Exemplo 1.: $3 \times (4 + 2) \Rightarrow 3 \times 4 + 3 \times 2 \Rightarrow 12 + 6 \Rightarrow 18$
   - *Distributiva com relação à adição*
   Exemplo 2: $3 \times (4 - 2) \Rightarrow 3 \times 4 - 3 \times 2 \Rightarrow 12 - 6 \Rightarrow 6$
   - *Distributiva com relação à subtração*

Divisão

Definição:
- **Divisão Exata:** Dado um par de números inteiros, em uma certa ordem, com o segundo diferente de zero, chama-se DIVISÃO EXATA a operação por meio da qual se obtém um terceiro número que, multiplicado pelo segundo, é igual ao primeiro.
   Exemplo 1: Na divisão de 30 por 6 o quociente exato é 5, pois 30 = 6 x 5, daí dizermos que o número 30 é o dividendo, o número 6 é o divisor e que o número 5 é o quociente.

Nota 1: A divisão exata é a **operação inversa** da multiplicação;
Nota 2: Se o dividendo é **nulo**, o quociente é igual a zero;
Nota 3: Se o divisor é a **unidade**, o quociente é igual ao dividendo;
Nota 4: O **zero** nunca pode ser considerado como divisor, pois se o dividendo for zero haverá uma **indeterminação**, no entanto se o dividendo for um número diferente de zero haverá uma **impossibilidade**.

- **Divisão Inexata:** Quando o produto do divisor pelo quociente não é igual ao dividendo, ou seja, o resto é diferente de zero.
   Exemplo 1: Na divisão de 32 por 5, o quociente é 6, sendo o resto igual a 2, pois 32 = 5 x 6 + 2, daí temos que:

> Dividendo = divisor x quociente + resto

Nota 1: O resto maior possível em uma divisão é dado pelo divisor menos uma **unidade;**

- **Teoremas:** Proposições que, para serem admitidas ou se tornarem evidentes, necessitam de demonstrações.

Multiplicando (ou dividindo) o divisor e o dividendo por um mesmo número natural, diferente de zero, o quociente não se altera, mas o resto fica multiplicado (ou dividido) por esse número.

Em uma divisão, multiplicando-se o divisor, o quociente fica dividido; dividindo-se o divisor, o quociente fica multiplicado.

Propriedade Distributiva: Para dividir uma soma (ou uma subtração) por um número, divide-se cada parcela por esse número (ou cada termo da subtração) e a seguir somam-se (ou subtraem-se) os resultados.

Exemplo 1: $(20 + 12) : 4 \Rightarrow 20 : 4 + 12 : 4 \Rightarrow 5 + 3 \Rightarrow 8$
Exemplo 2: $(20 - 12) : 4 \Rightarrow 20 : 4 - 12 : 4 \Rightarrow 5 - 3 \Rightarrow 2$

Divisão de Igualdades e Desigualdades:
⇨ A divisão é uma operação que conduz sempre a um resultado único. Essa propriedade decorre da Lei de **unicidade**.

⇨ Dividindo-se o mesmo número nos membros de uma desigualdade, obtemos outra desigualdade do mesmo sentido daquela.. Essa propriedade decorre da Lei **monotônica**.

Exemplo 1: $10 > 4 \Rightarrow 10 : 2 > 4 : 2$.

Observação: Na divisão não existem as propriedades **comutativa, elemento neutro, associativa, dissociativa e fechamento**(no Universo dos Naturais e dos Inteiros).

Expressões Numéricas Envolvendo Sinais de Associação ou Agregação

⇨ Parênteses: ( )   ⇨ Colchetes: [ ]   ⇨ Chaves { }

Resolvemos, primeiramente, as operações contidas nos parênteses, depois os colchetes e, a seguir, as chaves.

Exercícios Resolvidos

01. Em uma divisão, o quociente é 11, o divisor é 21 e o resto o maior possível. Qual é o dividendo?

Solução:
Pois bem, o resto maior possível, em uma divisão, onde o divisor é 21, vale 20, pois é sempre uma unidade a menos do que o divisor.

⇨ $q = 11, d = 21, r = 20$ ⇨ $D = q \times d = r$ ⇨ $D = 11 \times 21 + 20$ ⇨ $D = 251$

02. Na divisão de um número inteiro a por 40 obtemos um quociente **q** e resto **q³**. A soma de todos os valores possíveis dos números a que possuem essa propriedade é:

Solução:
Devemos atribuir, a partir do número 1, todos os números inteiros em q, até que o divisor não seja ultrapassado.

$$\begin{array}{c|c} a & 40 \\ q^3 & q \end{array}$$

$q = 1 \Rightarrow \begin{array}{c|c} a_1 & 40 \\ 1 & 1 \end{array}$ $a_1 = 41$ $q = 3 \Rightarrow \begin{array}{c|c} a_3 & 40 \\ 27 & 3 \end{array}$ $a_3 = 147$

$q = 2 \Rightarrow \begin{array}{c|c} a_2 & 40 \\ 8 & 2 \end{array}$ $a_2 = 88$ $q = 4 \Rightarrow \begin{array}{c|c} a_4 & 40 \\ 64 & 4 \end{array}$ Não serve

Somando todos os valores possíveis de a teremos, 41 + 88 + 147 = 276

03. O máximo valor que podemos adicionar ao número 615 sem alterar o quociente da sua divisão por 9 é:

Solução:
Para descobrirmos, teremos que dividir 615 por 9 e determinar o resto.

$$\begin{array}{c|c} 615 & 9 \\ 3 & \mathbf{68} \end{array}$$

O máximo é o valor que podemos somar para ser igual ao divisor máximo, que nesta divisão é o 8, então 3 + x = 8 ⇨ x = 5

04. Demonstre que o dividendo é sempre maior do que o dobro do resto:

Solução:
Dada uma divisão de números inteiros e positivos, observe que o valor do dividendo aumenta a medida em que o quociente se eleva. Quanto maior o quociente, maior será o dividendo. Para que tenhamos o menor dividendo positivo possível, entretanto, o quociente deverá ser o menor positivo possível, ou seja, 1 (um). E, para que tenhamos o

maior resto possível, deve-se observar a sua relação com o divisor, pois o divisor limita as possibilidades do resto. O maior resto possível será o divisor menos 1, ou, de forma inversa, o resto mais 1.

Dessa maneira, para demonstrar que o dividendo é sempre maior que o dobro do resto, podemos utilizar a fórmula da divisão, substituindo o quociente e o divisor pelas possibilidades deduzidas acima: $q = 1$ e $d = r + 1$.

Utilizando a fórmula da divisão ⇨ $D = q \times d + r$, com $q = 1$ e $d = r + 1$. ⇨ $D = 1 \times (r + 1) + r$ ⇨ $D = r + 1 + r$ ⇨ $D = 2r + 1$.

Da equação $D = 2r + 1$, concluímos que $D > 2r$.

Questões dos Colégios Militares

01. (CMRJ/93) Um aluno, ao tirar a prova de uma divisão, escreveu a seguinte expressão: $17 \times 32 + 18 = 562$. O divisor nessa divisão foi o número:

a) 17
b) 18
c) 32
d) 544
e) 562

02. (CMRJ/93) O máximo valor que podemos adicionar ao número 725 sem alterar o quociente da sua divisão por 13 é:

a) 1
b) 2
c) 3
d) 4
e) 5

03. (CMRJ/94) Em uma divisão, o divisor é o dobro do quociente e o resto é o maior possível. Se somarmos o divisor com o quociente e o resto, encontraremos 59. Determine o dividendo dessa divisão:

a) 320
b) 311
c) 300

d) 288
e) 265

04. (CMRJ/95) Considere três números naturais representados por m, n e p. Se os restos das divisões de m, n e p por 11 são, respectivamente, 3, 4 e 5, o resto da divisão de (m + n + p) por 11 é:

a) 12
b) 5
c) 4
d) 3
e) 1

05. (CMRJ/98) Em uma divisão inexata, o quociente é 15 e o resto 2. Adicionando-se 15 ao dividendo e mantendo-se o mesmo divisor, o novo quociente será 20 e o resto continuará 2. Nessa divisão, a soma do dividendo inicial e do divisor é:

a) 50
b) 49
c) 47
d) 46
e) 45

06. (CMRJ/98) Um estudante ao determinar o produto de dois números naturais, no qual um deles é 452, obteve 17.176. Após ter determinado esse produto, percebeu que havia trocado o algarismo das dezenas de um dos fatores escrevendo 3 em vez de 7. O produto desejado seria:

a) 18.164
b) 35.256
c) 37.284
d) 19.888
e) 15.552

07. (CMRJ/99) Seja S o conjunto dos números naturais pares. As operações que podem ser aplicadas a um par de elementos quaisquer do conjunto S e que produzem apenas elementos do próprio conjunto S são:

a) Adição, subtração, multiplicação, divisão e potenciação;
b) Adição, subtração, multiplicação e divisão;
c) Adição, subtração e multiplicação;

d) Adição, multiplicação e potenciação;
e) Adição e multiplicação.

08. (CMRJ/99) Um conjunto é constituído por sete números, cuja soma é igual a 220. Cada número desse conjunto é aumentado de 20 unidades, depois multiplicado por 5 e, finalmente, subtrai-se 20 unidades de cada produto. A soma dos números do novo conjunto assim obtido é:

a) 780
b) 870
c) 1100
d) 1660
e) 1780

09. (CMRJ/00) A diferença entre dois números é 4.711. Dividindo-se o maior pelo menor, encontra-se quociente 66 e o resto 31. A soma do valor relativo do algarismo de terceira ordem do maior número com o valor absoluto do algarismo de segunda ordem do menor número é:

a) 14
b) 77
c) 707
d) 770
e) 7.070

10. (CMRJ/05) Em uma subtração, o resto é 518. Se subtrairmos do minuendo o valor do menor número primo maior que 200 e subtrairmos do subtraendo o valor do maior número primo menor que 300, qual será o resto da nova subtração?

a) Um número natural menor que 100.
b) Um número natural compreendido ente 100, inclusive, e 300, exclusive.
c) Um número natural compreendido ente 300, inclusive, e 500, exclusive.
d) Um número natural compreendido ente 500, inclusive, e 700, exclusive.
e) Um número natural maior que 699.

11. (CMRJ/08) Em uma subtração, a soma do minuendo com o subtraendo e o resto é 2.160. Se o resto é a quarta parte do minuendo, o subtraendo é:

a) 570
b) 810
c) 1.080

d) 1.280
e) 1.350

12. (CMB/03) Sobre os números naturais, marque a quantidade de alternativas corretas, de acordo com as afirmativas abaixo:

I- Todo múltiplo de 3, que seja maior que 17, e também múltiplo de 9;
II- A soma de dois números ímpares é sempre um número par;
III- O produto de um número par por um número ímpar é sempre um número par;
IV- O quociente entre qualquer número natural e zero é igual a zero;
V- Todo número terminado em zero ou cinco é múltiplo de 10.

a) 1(uma) alternativa correta
b) 2(duas) alternativas corretas
c) 3(três) alternativas corretas
d) 4(quatro) alternativas corretas
e) Nenhuma alternativa correta.

13. (CMB/05) E uma divisão não exata entre números naturais, o dividendo é igual a 514, o divisor é 55 e o quociente é o número natural Q. Determinar o triplo do maior número natural que se pode subtrair do resto, sem alterar o quociente:

a) 18
b) 19
c) 54
d) 57
e) 60

14. (CMB/05) Observa-se que, ao se dividir um número natural por 3, o seu quociente resultou em A. Após se dividir A por 4, resultou em B. Sabendo-se que ambas divisões são exatas e que a soma entre A e B é igual a 420, calcule o valor de A:

a) 1008
b) 420
c) 336
d) 315
e) 84

15. (CMB/05) Observe as afirmativas abaixo:

I- Se A = { $\varnothing$ } e B = { 1 } então A $\cup$ B possui 1(um) elemento;
II- Se C = { 1, 2, 3 } e D = { 2; 3 } então D $\in$ C;

III- Se E = { 1; 2; 3; 4 } então 4 ⊂ E;
IV- Todo número natural possui um antecessor e um sucessor naturais;
V- Na reta numerada, se o número natural x está à esquerda do número natural y então x > y.

Agora, marque a alternativa correta:

a) Quatro afirmativas estão corretas;
b) Três afirmativas estão corretas;
c) Duas afirmativas estão corretas;
d) Uma afirmativa está correta;
e) Todas as afirmativas estão incorretas.

16. (CMB/06) Em uma operação de subtração, o minuendo é 346. O subtraendo e o resto são números pares consecutivos. Sabendo que o resto é o maior entre ambos, determine o resto ou diferença:

a) 122
b) 142
c) 172
d) 174
e) 176

17. (CMB/06) Em uma divisão entre números naturais, o dividendo é 1234, o quociente é 47 e o resto é 12. Determinar o divisor:

a) 26
b) 27
c) 36
d) 37
e) 47

18. (CMB/07) Se x e y são números naturais, sendo x menor que y, definimos x Ω y como o produto dos números naturais entre x e y. Por exemplo, 1 Ω 3 = 1 . 2 . 3 = 6. A sétima parte do valor numérico de $\dfrac{3\Omega 7}{1\Omega 4}$ é igual a:

a) 15
b) 24
c) 30
d) 105
e) 735

19. (CMBH/02) Ricardo precisa digitar uma senha para ter acesso ao seu computador. Essa senha será o resultado final da expressão:

$$25 - \{3 \times 17 - [10 + 6 \times (8 - 4 \times 2) + 2 + 3] - 4 \times 4\} : 5$$

A senha que Ricardo deverá digitar é:

a) 1
b) 21
c) 19
d) 20
e) 5

20. (CMBH/04) Em uma divisão não-exata, o quociente é igual a 20. Sabendo que o divisor vale 4/5 do quociente e que o resto é o maior possível, então o dividendo vale:

a) 320
b) 321
c) 322
d) 324
e) 335

21. (CMS/03) O resultado da expressão: $11 + 8 \times 9 + 10 + 14 : 7 + 2 \times 3 + 2$ é igual a:

a) 102
b) 103
c) 191
d) 192
e) 193

22. (CMS/05) Deve-se dividir 350 por 7 e o quociente por 5. Para se obter o quociente definitivo com uma só operação, devemos:

a) dividir o dividendo por 35;
b) dividir o dividendo por 12;
c) multiplicar o dividendo por 35;
d) multiplicar o dividendo por 12;
e) dividir o dividendo por 7 e depois dividi-lo por 5.

23. (CMS/06) A calculadora de Samanta está com defeito. Apesar de realizar as operações normalmente, em vez de aparecerem algarismos no visor, aparecem letras correspondentes a cada algarismo. Ela digitou o número 67943, mas apareceu no visor "BOLAS". Sua amiga somou esse número com outro, correspondente à palavra "CLONE" e o resultado foi "MGOBAG". Se ela quiser que apareça no visor a palavra "CABANA", deverá digitar o número:

a) 325401
b) 234501
c) 546424
d) 846404
e) 546404

24. (CMSM/04) Determine o dividendo de uma divisão quando o divisor é igual a 7, e o resto é igual a 4, sendo o quociente igual a 2:

a) 30
b) 18
c) 15
d) 56
e) 7

25. (CMR/05) Ao efetuar uma subtração, Pedro observou que a soma do minuendo com o subtraendo e com o resto era igual a 150. Dessa forma, o valor do triplo do minuendo era igual a:

a) 75
b) 100
c) 135
d) 150
e) 225

26. (CMPA/02) O valor da expressão $(3 + 3 \times 3) + [6 \times (7 \times 2 - 3 \times 4) + (5 + 2 \times 7 - 7)]$ é:

a) 72
b) 12
c) 36
d) 48
e) 24

27. (CMPA/03) Na divisão abaixo representada, onde o dividendo é um número natural, a soma de todos os restos possíveis será igual a:

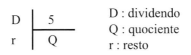

a) 15
b) 10
c) 6
d) 3
e) 0

28. (CMPA/08) Sabe-se que o número natural N, quando dividido por 17, deixa resto 2R. Assim, o maior valor possível para o número natural R é:

a) 2
b) 3
c) 4
d) 7
e) 8

29. (CMF/00) A aluna Juliana dividiu certo número por 17 e obteve o quociente 13 e o resto 4. Se ela adicionar 7 ao dividendo e mantiver o mesmo divisor, encontrará o mesmo quociente, porém um novo resto. A soma do número inicial com o novo resto é igual a:

a) 225
b) 232
c) 238
d) 231
e) 236

30. (CMF/05) Observe as afirmações abaixo sobre propriedades das operações com números naturais:

I- O número zero é o elemento neutro da multiplicação;
II- (36 : 6) : 3 = 36 : (6 : 3);
III- Na adição e na multiplicação vale a propriedade comutativa.

É correto afirmar que:

a) as três afirmações são verdadeiras;
b) somente as afirmações I e III são verdadeiras;
c) somente as afirmações I e II são verdadeiras;
d) somente a afirmação II é verdadeira;
e) somente a afirmação III é verdadeira.

31. (CMF/05) Ao efetuar uma subtração, Pedro observou que a soma do minuendo com o subtraendo e com o resto era igual a 150. Dessa forma, o valor do triplo do minuendo era igual a:

a) 75
b) 100
c) 135
d) 150
e) 225

32. (CMF/06) Um garoto observou que em uma adição havia seis parcelas. Ele escolheu três parcelas e acrescentou 15 unidades a cada uma delas. Depois acrescentou 20 unidades a cada uma das outras três parcelas restantes. O valor da soma aumentou de:

a) 35 unidades
b) 55 unidades
c) 75 unidades
d) 85 unidades
e) 105 unidades

33. (CMCG/05) Em uma divisão não exata, o divisor é 12, o quociente 13 e o resto é o maior possível. A soma dos valores absolutos dos algarismos do dividendo é:

a) 12
b) 14
c) 15
d) 16
e) 22

34. (CMCG/05) O valor da expressão numérica [(135 – 11) x 2] + 5 – (12 x 5) é:

a) 58
b) 193
c) 530
d) 204
e) 71

35. (CMCG/06) O produto de quatro números naturais resultou em 2400, depois que multiplicamos o primeiro número por 2, multiplicamos o segundo número por 3, dividimos o terceiro número por 4 e dividimos o quarto número por 5. Antes dessas alterações, o valor do produto era de:

a) 80
b) 720
c) 800
d) 8000
e) 80000

36. (CMCG/06) O menor valor do dividendo de uma divisão cujo quociente e o resto são iguais a 7 é:

a) 51
b) 54
c) 56
d) 58
e) 63

37. (CMCG/06) Em uma adição de três parcelas, se multiplicarmos cada parcela por 7, então a soma ficará:

a) multiplicada por 21;
b) multiplicada por 7;
c) multiplicada por 343;
d) multiplicada por 49;
e) inalterada.

38. (CMCG/06) João tem 48 cds gravados. Para cada 3 cds de música brasileira, ele tem um cd de música estrangeira. Quantos cds de cada gênero João tem?

a) 12 de música brasileira e 36 de música estrangeira;
b) 18 de música brasileira e 30 de música estrangeira;
c) 32 de música brasileira e 16 de música estrangeira;
d) 36 de música brasileira e 12 de música estrangeira;
e) 30 de música brasileira e 18 de música estrangeira.

39. (CMCG/07) O dividendo de uma divisão onde o divisor é 15, o quociente é 12 e o resto é o maior possível é:

a) 194
b) 193
c) 192
d) 190
e) 180

40. (CMM/98) Com relação às operações com números naturais, podemos afirmar que:

a) Sempre existe a diferença entre dois números naturais;
b) A propriedade comutativa na adição só é válida para duas parcelas;
c) Na adição, não importa a quantidade de parcelas, a soma é sempre fechada, isto é, existe a propriedade do fechamento;
d) A propriedade associativa só é válida na multiplicação;
e) O elemento neutro da multiplicação é o zero.

41. (CMM/03) Em uma divisão não-exata, o quociente é 6, o divisor é 7 e o resto é o maior possível. O dividendo, portanto, será:

a) 40
b) 44
c) 48
d) 46
e) 42

42. (CMM/04) Adicionando-se 27 unidades no minuendo e subtraindo-se 35 unidades no subtraendo, a diferença:

a) aumenta 62 unidades;
b) aumenta 8 unidades;
c) diminui 62 unidades;
d) diminui 8 unidades;
e) não se altera.

43. (CMM/05) Um aparelho de DVD custa R$ 560,00. Comprando a prestação, há um acréscimo de R$ 120,00. Então, o número de prestações que se pagará na compra parcelada, se for dado R$ 40,00 de entrada e R$ 80,00 de prestação mensal fixa é:

a) 10
b) 8
c) 7
d) 6
e) 9

44. (CMM/06) O Colégio Militar de Manaus selecionou 500 alunos e formou grupos de 37 alunos para o desfile militar de 7 de setembro. Então a quantidade de grupos completos e o número de alunos necessários para completar mais um grupo foram de:

a) 14 grupos e 15 alunos

b) 15 grupos e 14 alunos
c) 16 grupos e 15 alunos
d) 12 grupos e 15 alunos
e) 13 grupos e 18 alunos

45. (CMJF/04) Em uma churrascaria tipo rodízio são cobrados R$ 15,00 por pessoa. A sobremesa, cobrada à parte, é 9 reais mais barata que o rodízio. Um grupo de 18 pessoas foi a essa churrascaria. Sabendo que 6 pessoas desse grupo não comeram sobremesa, qual é a quantia que o grupo gastou nessa churrascaria?

a) R$ 432,00
b) R$ 270,00
c) R$ 342,00
d) R$ 378,00

46. (CMC/07) Preencha os círculos vazios com os números correspondentes às operações indicadas, de modo a completar o circuito abaixo.

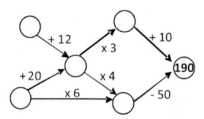

A soma dos números utilizados para completar o circuito é:

a) 538
b) 548
c) 558
d) 568
e) 578

Capítulo 8

Números Fracionários

Fração

Conceito: Adquire-se a noção de fração quando dividimos em partes iguais um objeto. Tomemos um segmento AB e consideremo-lo como unidade. Dividindo em cinco partes iguais, cada parte chama-se **um quinto**.

Quando a unidade é dividida em partes iguais, cada uma dessas partes chama-se **unidade fracionária ou parte alíquota**.

Representação: $\left.\begin{array}{l} a \rightarrow \text{numerador} \\ b \rightarrow \text{denominador} \end{array}\right\}$ Existem dois termos

O **denominador** indica em quantas partes a unidade foi dividida, enquanto que o **numerador** representa quantas dessas partes foram tomadas.

Leitura: A leitura de uma fração depende do seu denominador.

1º) Para denominadores 2, 3, 4, 5, 6, 7, 8, 9 teremos:
⇨ se o numerador é 1 (um), lê-se, respectivamente: meio, terço, quarto, quinto, sexto, sétimo, oitavo e nono;

⇨ se o numerador é maior que 1 (um), basta ler o numerador e formar o plural do denominador:

Exemplo 1: $\frac{4}{7}$ ⇨ quatro sétimos

Exemplo 2: $\frac{5}{3}$ ⇨ cinco terços

2º) Quando o denominador é maior do que 10 (dez), excluindo as potências de 10 que têm nomenclatura própria, lê-se o numerador e o denominador seguido da palavra avo(s).

Exemplo 1: $\frac{4}{13}$ ⇨ quatro treze avos

3º) Se o denominador é uma potência de 10 (dez), lê-se o numerador seguido das palavras: décimo(s), centésimo(s), milésimo(s), etc...

Exemplo 1: $\frac{31}{1000}$ ⇨ trinta e um milésimos

Classificação das Frações

1º - Fração Decimal ⇨ Quando o denominador for potência de 10.

Exemplo: $\frac{3}{10}$; $\frac{7}{1000}$

2º - Fração Ordinária ⇨ Quando não for fração decimal.

Exemplo: $\frac{3}{5}$; $\frac{10}{3}$; $\frac{9}{200}$

3º - Fração Própria ⇨ Quando o numerador for menor que o denominador.

Exemplo: $\frac{3}{5}$; $\frac{7}{8}$; $\frac{10}{11}$; $\frac{9}{10}$

4º - Fração Imprópria ⇨ Quando o numerador for igual ou maior que o denominador.

Exemplo: $\frac{4}{4}$; $\frac{20}{7}$; $\frac{30}{10}$

5º - Fração Aparente ⇨ Quando o numerador for múltiplo do denominador (representa um nº inteiro).

Exemplo: $\dfrac{5}{5}; \dfrac{12}{3}; \dfrac{30}{10}$

Observação: Toda fração aparente, exceto quando o numerador for zero, é uma fração imprópria.
Exemplo 1: 8/2 ⇨ Fração aparente e imprópria.
Exemplo 2: 0/3 ⇨ Fração aparente e própria.

6º - Frações Equivalentes ⇨ Quando têm o mesmo valor.
Exemplo 1: 2/3 e 4/6
Exemplo 2: 6/5 e 18/15

7º - Frações Homogêneas ⇨ Quando os denominadores forem iguais.
Exemplo 1: 3/5 e 2/5
Exemplo 2: 2/10 e 7/10

8º - Frações Heterogêneas ⇨ Quando os denominadores forem diferentes.
Exemplo 1: 3/5 e 5/3
Exemplo 2: 10/3 e 10/7

9º - Número Misto ⇨ Quando possui uma parte inteira e outra parte fracionária, sendo a parte fracionária sempre uma fração própria.

Exemplo 1: $3\dfrac{1}{5}$

Exemplo 2: $4\dfrac{2}{3}$

10º - Fração Irredutível ⇨ Os termos da fração são números primos entre si, ou seja, só há um divisor em comum.

11º - Simplificação de Frações ⇨ Achar, através da divisão desses termos pelo seu MDC, outra fração equivalente à primeira, porém com os seus termos menores possíveis:

Exemplo: $\dfrac{27}{36}$ ⇨ O MDC (27; 36)= 9 ⇨ $\dfrac{27 \div 9}{36 \div 9}$ ⇨ $\dfrac{3}{4}$

Comparação: Utilizamos os sinais de > (maior), < (menor) ou ~ (equivalente), de acordo com as frações:

1º - Frações com o mesmo denominador ⇨ A maior é que tiver o maior numerador.

Exemplo: $\dfrac{4}{5} > \dfrac{3}{5}$

2º - Frações com o mesmo numerador ⇨ A maior é que tiver o menor denominador.

Exemplo: $\dfrac{7}{5} < \dfrac{7}{3}$

3º - Frações com a mesma diferença entre os termos
⇨ Sendo Frações Próprias, a maior será aquela que tiver os maiores termos:

Exemplo: $\dfrac{2}{3} < \dfrac{3}{4}$

⇨ Sendo Frações Impróprias, a maior será aquela que tiver os menores termos:

Exemplo: $\dfrac{3}{2} > \dfrac{4}{3}$

4º - Toda Fração Imprópria será maior do que qualquer fração própria

5º - Frações Equivalentes ⇨ A toda fração irredutível corresponde uma Classe de Equivalência, observe:

Exemplo: $\dfrac{2}{3} \sim \dfrac{4}{6} \sim \dfrac{6}{9} \sim \dfrac{8}{12} \sim$ - - - - - - - - - - - - - - -

6º) Casos em que devemos reduzir as frações ao menor denominador

Exemplo: Consideremos as frações $\dfrac{2}{7}$ e $\dfrac{1}{5}$: Calculamos o MMC dos denominadores, ou seja, MMC (7;5) = 35; depois divide-se o MMC pelos denominadores das frações, logo a seguir multiplicamos esses quocientes pelos respectivos numeradores e tomando como denominador comum o MMC teremos: $\dfrac{10}{35}$ e $\dfrac{7}{35}$, isto é, $\dfrac{2}{7} > \dfrac{1}{5}$.

Simplificação de Frações

Simplificar uma fração é obter outra fração que lhe seja equivalente, mas com termos primos entre si, ou seja, encontrar uma fração irredutível.

Podemos obter diretamente a fração irredutível, dividindo os termos da fração dada pelo seu **MDC**.

⇨ Dadas as frações abaixo, assinale as irredutíveis:

a) $\dfrac{6}{4}$ ( )   c) $\dfrac{6}{7}$ (x)

b) $\dfrac{6}{9}$ ( )   d) $\dfrac{20}{9}$ (x)

Operações Fundamentais

1º) ADIÇÃO:

I- Frações Homogêneas
Para somarmos frações que possuem o mesmo denominador, somam-se os numeradores e conserva-se o denominador.

Exemplo: $\dfrac{2}{7}+\dfrac{3}{7} \Rightarrow \dfrac{5}{7}$

II- Frações Heterogêneas
Quando as frações possuem denominadores diferentes, basta reduzi-las ao mesmo denominador e proceder depois como no caso anterior.

Observação: Reduzir frações ao mesmo denominador é multiplicar os termos de cada um pelo produto dos denominadores das outras.

Exemplo: $\dfrac{2}{5}+\dfrac{3}{7} \Rightarrow \dfrac{2}{5/7}+\dfrac{3}{7/5} \Rightarrow \dfrac{14}{35}+\dfrac{15}{35}$

Exemplo: $\dfrac{1}{4}+\dfrac{2}{3} \Rightarrow \dfrac{1}{4/3}+\dfrac{2}{3/4} \Rightarrow \dfrac{3}{12}+\dfrac{8}{12} \Rightarrow \dfrac{11}{12}$

2º) SUBTRAÇÃO

I- Frações Homogêneas
Para subtrair duas frações que possuem o mesmo denominador, faz-se a diferença dos numeradores e conserva-se o denominador.

Exemplo: $\dfrac{8}{5} - \dfrac{7}{5} \Rightarrow \dfrac{1}{5}$

II- Frações Heterogêneas
Quando as frações possuem denominadores diferentes, basta reduzi-las ao mesmo denominador e proceder depois como no caso anterior.

Exemplo: $\dfrac{2}{3} - \dfrac{1}{2} \Rightarrow \dfrac{2}{3/2} - \dfrac{1}{2/3} \Rightarrow \dfrac{4}{6} - \dfrac{3}{6} \Rightarrow \dfrac{1}{6}$

3º) MULTIPLICAÇÃO

Para multiplicar frações, multiplicam-se entre si os numeradores e denominadores das frações dadas.

Exemplo: $\dfrac{3}{2} \times \dfrac{5}{4} \Rightarrow \dfrac{15}{8}$

4º) DIVISÃO

Para dividir uma fração por outra, multiplica-se a primeira pela o inverso da segunda.

Observação: Dois números inteiros ou fracionários dizem-se inversos um do outro, quando o seu produto é igual à unidade.

Exemplo: $\dfrac{3}{4}$ é o inverso de $\dfrac{4}{3}$, pois: $\dfrac{3}{4} \times \dfrac{4}{3} = \dfrac{12}{12} = 1$

Exemplo: $\dfrac{2}{7} \div \dfrac{1}{6} \Rightarrow \dfrac{2}{7} \times \dfrac{6}{1} \Rightarrow \dfrac{12}{7}$

Propriedade Fundamental

Multiplicando-se ou dividindo-se os termos de uma fração pelo mesmo número natural, diferente de zero, a fração não se altera.

Exemplo: $\dfrac{2}{5} \xrightarrow[x3]{x3} \dfrac{6}{15}$

⇨ **Fração Irredutível:** Uma fração onde os seus termos são números primos entre si.

Exemplo: $\dfrac{2}{5}$

A Unidade Dividida por dois Números Consecutivos

Todo número natural n ≥ 1 vale a fórmula.

$$\dfrac{1}{n(n+1)} = \dfrac{1}{n} - \dfrac{1}{n+1}$$

Desta forma, expressões do tipo:

$$\dfrac{1}{4x5} + \dfrac{1}{5x6} + \dfrac{1}{6x7} + \dfrac{1}{7x8} + \ldots\ldots\ldots + \dfrac{1}{98x99} + \dfrac{1}{99x100}$$

é igual a:

Solução:

Vamos desmembrar cada fração, conforme a fórmula acima:

⇨ $\dfrac{1}{4x5} = \dfrac{1}{4} - \dfrac{1}{5}$ ⇨ $\dfrac{1}{5x6} = \dfrac{1}{5} - \dfrac{1}{6}$ ⇨ $\dfrac{1}{6x7} = \dfrac{1}{6} - \dfrac{1}{7}$ ⇨ $\dfrac{1}{99x100} = \dfrac{1}{99} - \dfrac{1}{100}$

Ficará então assim:

$$\dfrac{1}{4} - \dfrac{1}{5} + \dfrac{1}{5} - \dfrac{1}{6} + \dfrac{1}{6} - \dfrac{1}{7} + \ldots\ldots\ldots + \dfrac{1}{98} - \dfrac{1}{99} + \dfrac{1}{99} - \dfrac{1}{100}$$

Cortando as frações simétricas:

$$\dfrac{1}{4} - \cancel{\dfrac{1}{5}} + \cancel{\dfrac{1}{5}} - \cancel{\dfrac{1}{6}} + \cancel{\dfrac{1}{6}} - \dfrac{1}{7} + \ldots\ldots\ldots + \dfrac{1}{98} - \cancel{\dfrac{1}{99}} + \cancel{\dfrac{1}{99}} - \dfrac{1}{100}$$

Ficando apenas com o primeiro e o último termos:

$$\frac{1}{4} - \frac{1}{100}$$

Dando o resultado de 0,24:

$$\frac{1}{4/\!\!\!/_{25}} - \frac{1}{100/\!\!\!/_{1}} = \frac{25}{100} - \frac{1}{100} = \frac{24}{100} = 0,24$$

Questões dos Colégios Militares

01. (CMRJ/93) De um tanque retirou-se 1/5 da água nele contida. Depois retiram-se 3/4 do resto e, por fim, 75 litros restantes, ficando o mesmo inteiramente vazio. O volume total de água existente no tanque era de:

a) $3,75 \, dam^3$
b) $35,7 \, m^3$
c) $375 \, cm^3$
d) $3.750 \, dm^3$
e) $0,375 \, m^3$

02. (CMRJ/93) Um menino possuía certo número de pássaros. Fugiu-lhe a metade dos que possuía, mais seis pássaros; logo depois fugiu-lhe a metade do resto, mais quatro, ficando a gaiola vazia. A soma dos algarismos do número de pássaros que o menino possuía é:

a) 3
b) 6
c) 8
d) 10
e) 12

03.(CMRJ/94) Em certa região, no segundo turno das eleições, 1/5 dos eleitores não compareceram para votar nos dois candidatos, A e B, que a disputavam. Houve 2.400 votos brancos e nulos, correspondendo a 3/20 dos eleitores votantes. A eleição foi ganha pelo candidato B, que obteve 11/25 dos votos de todos os eleitores inscritos na região. Qual foi o total de votos obtido pelo candidato A?

a) 20.000 votos
b) 16.000 votos

c) 13.600 votos
d) 8.800 votos
e) 4.800 votos

04. (CMRJ/94) Dos ovos que um feirante levou para vender em sua barraca, 7/12 foram quebrados no transporte. Tendo comprado mais 390 ovos de um feirante amigo, ele ficou com um número inicial de ovos, aumentado de sua metade. O número de dúzias de ovos que o feirante havia levado para a feira era:

a) menor do que 15;
b) maior do que 14 e menor do que 25;
c) maior do que 24 e menor do que 35;
d) maior do que 34 e menor do que 45;
e) maior do que 44.

05. (CMRJ/95) Indique a opção que representa o valor da expressão:

$$\cfrac{1}{1+\cfrac{1}{1-\cfrac{2}{1+\cfrac{3}{2}}}}$$

a) 1/4
b) 1/5
c) 1/6
d) 1/7
e) 1

06. (CMRJ/95) Clara vendeu 1/5 das bolas que possuía; em seguida, vendeu 3/8 das que restaram e, finalmente, 1/4 do novo resto, tendo ficado com 45 bolas. O número de bolas que Clara possuía é:

a) 420
b) 180
c) 150
d) 120
e) 100

07. (CMRJ/95) Os 7/9 do ordenado (ordenado= salário) de Diogo são iguais a 4/5 do ordenado de Pedro. Sendo R$ 2.800,00 o ordenado de Pedro, os 3/5 do ordenado de Diogo valem:

a) R$ 1.728,00

b) R$ 1.782,00
c) R$ 2.178,00
d) R$ 2.710,00
e) R$ 2.718,00

08. (CMRJ/95) Entre as alternativas abaixo, apenas uma apresenta as frações abaixo ordenadas corretamente em ordem crescente. Indique a alternativa correta:

$$\frac{501}{501}, \frac{501}{502}, \frac{5.001}{5.002}, \frac{501}{1.002}, \frac{1.002}{501}$$

a) $\dfrac{501}{1.002}, \dfrac{501}{502}, \dfrac{5.001}{5.002}, \dfrac{501}{501}, \dfrac{1.002}{501}$

b) $\dfrac{1.002}{501}, \dfrac{501}{501}, \dfrac{501}{502}, \dfrac{5.001}{5.002}, \dfrac{501}{1.002}$

c) $\dfrac{501}{1.002}, \dfrac{1.002}{501}, \dfrac{501}{501}, \dfrac{501}{502}, \dfrac{5.001}{5.002}$

d) $\dfrac{5.001}{5.002}, \dfrac{501}{502}, \dfrac{501}{501}, \dfrac{1.002}{501}, \dfrac{501}{1.002}$

e) $\dfrac{501}{501}, \dfrac{501}{1.002}, \dfrac{1.002}{501}, \dfrac{5.001}{5.002}, \dfrac{501}{502}$

09. (CMRJ/96) Estudando para a prova, um menino escreveu, corretamente, uma fração equivalente a 36/44; depois, apagou um de seus termos, colocando (....) no lugar do numeral apagado. Das opções dadas a seguir, assinale a única que pode corresponder à fração que o menino escreveu, na qual a soma de seus termos era 2.700:

a) $\dfrac{(....)}{1.485}$

b) $\dfrac{1.035}{(....)}$

c) $\dfrac{1.296}{(....)}$

d) $\dfrac{(....)}{1.210}$

e) $\dfrac{(....)}{2.200}$

10. (CMRJ/96) Dadas as frações 2/5, 3/4, 3/10 e 7/20, a soma da menor com a maior dessas frações é:

a) 3/7
b) 3/4
c) 1/14
d) 23/20
e) 21/20

11. (CMRJ/96) Alguns dias depois de haver recebido seu ordenado, um operário verificou que havia gasto 5/9 do seu salário e ainda lhe restavam R$ 180,00. Se houvesse gasto R$ 270,00 até essa verificação, estariam sobrando:

a) 1/3 do salário;
b) 5/6 do salário;
c) 1/6 do salário;
d) 2/3 do salário;
e) 5/9 do salário.

12. (CMRJ/97) Ao colocarmos em ordem crescente as frações 3/16, 7/18, 7/24, 5/36 e 11/48, podemos afirmar que a soma da menor com a maior é:

a) 2/3
b) 19/36
c) 5/12
d) 31/72
e) 17/36

13. (CMRJ/98) Se com 2/3 de uma lata de tinta consigo pintar 3/4 de uma parede, a fração da parede que posso pintar com uma lata de tinta é:

a) 9/8
b) 4/2
c) 6/8
d) 8/6
e) 8/9

14. (CMRJ/98) Há aproximadamente 3.600 anos, o faraó do Egito tinha um súdito cujo nome chegou até nossos dias: Aahmesu. O faraó presenteou esse súdito com uma certa quantidade de pedras preciosas. Se essa quantidade de pedras, seus dois terços e sua metade, todas juntas perfazem um total de treze, a quantidade de pedras preciosas recebida pelo súdito do faraó foi:

a) 18
b) 13
c) 12
d) 8
e) 6

15. (CMRJ/98) Uma herança foi repartida entre seis pessoas da seguinte maneira: a viúva recebeu a metade da herança. Para seus três filhos foi repartida igualmente a outra metade. Porém um deles ficou viúvo, tendo que dividir o que recebeu com seus dois filhos, de modo que uma das metades coube a ele e a outra metade foi dividida igualmente entre seus filhos. A fração da herança que cabe a cada um dos netos da viúva é:

a) 1/2
b) 1/6
c) 1/12
d) 1/24
e) 1/48

16. (CMRJ/99) De uma cesta de manga, o pai retira 1/6 dessas mangas, a mãe 1/5 do restante, os três filhos mais velhos: 1/4, 1/3 e 1/2 dos restos sucessivos e o mais jovem as três mangas que sobraram. Qual o número de mangas existentes na cesta?

a) 12
b) 14
c) 16
d) 18
e) 20

17. (CMRJ/99) Uma torneira tem capacidade de encher um tanque em 5 horas. Outra torneira enche o mesmo tanque em 3 horas. Sabe-se que nesse tanque existe um ralo que o esvazia em 2 horas. Estando o tanque vazio, abrimos as duas torneiras ao mesmo tempo. Após meia hora, abrimos também o ralo. O tempo que esse tanque levará para transbordar será de:

a) 14,5 horas
b) 15 horas
c) 22 horas
d) 22,5 horas
e) 30 horas

18. (CMRJ/00) Calcula-se a metade de 1/3 de 1/8, mais 2. O inverso do resultado obtido é equivalente a:

a) 50
b) 97/48
c) 49/48
d) 3.600/3.675
e) 3.600/7.275

19. (CMRJ/01) Para tornar o valor da fração 15/328 quatro vezes maior, devemos subtrair do seu denominador um número:

a) menor que 100;
b) maior que 100, porém menor que 150;
c) maior que 150, porém menor que 200;
d) maior que 200, porém menor que 250;
e) maior que 250.

20. (CMRJ/02) Calcule o valor da expressão abaixo:

$$\left(1-\frac{1}{17}\right)x\left(1-\frac{1}{18}\right)x\left(1-\frac{1}{19}\right)x\ldots\ldots x\left(1-\frac{1}{26}\right)x\left(1-\frac{1}{27}\right)$$

a) 7/17
b) 10/27
c) 16/27
d) 17/22
e) 10/7

21. (CMRJ/02) Um cupim come um pequeno pedaço de uma tábua em 12 horas. Outro cupim mais voraz, come um pedaço idêntico dessa tábua em 8 horas. Em quanto tempo os dois cupins, juntos, comeriam um desses pedaços de tábua?

a) 4 horas e 24 minutos
b) 4 horas e 30 minutos
c) 4 horas e 36 minutos
d) 4 horas e 48 minutos
e) 4 horas e 50 minutos

22. (CMRJ/03) A fração $\dfrac{204}{595}$ é equivalente à fração irredutível $\dfrac{x}{y}$. Logo, y – x é igual a:

a) 51
b) 47
c) 45
d) 29
e) 23

23. (CMRJ/03) Carlos construiu uma piscina em sua casa, deixando dois canos para enchê-la e um ralo para esvaziá-la. Estando a piscina vazia, um dos canos, sozinho, permite que ela seja completamente cheia em 15 horas, e o outro cano, em 10 horas, se funcionar sozinho. Por outro lado, estando a piscina cheia, o ralo permite esvaziá-la completamente em 24 horas. Quando a obra acabou, Carlos resolveu encher a piscina, que estava vazia: abriu os dois canos, mas esqueceu de fechar o ralo. Quanto ao número de horas que a piscina demorou para ficar totalmente cheia, podemos afirmar que:

a) é um número primo
b) é um múltiplo de 4
c) é um divisor de 15
d) é um divisor de 24 e de 10
e) é um múltiplo de 15

24. (CMRJ/06) A terceira pista do mapa era: "Das barras de ouro que forem roubadas, $\dfrac{2}{5}$ pertencem a Barba Negra, $\dfrac{1}{3}$ do que sobrar fica para seu melhor amigo, o pirata Fix, e o que restar deve ser dividido entre 50 outros piratas. Ande tantos passos, no sentido da Caverna das Caveiras, quanto for a quantidade de barras que cada um destes piratas ganhará quando forem roubadas 7.500 barras de ouro." Quantos passos Barba Negra andou?

a) 40
b) 50
c) 60
d) 70
e) 80

25. (CMRJ/08) Sabendo que $3\frac{2}{3}$ kg de uma substância custam R$ 33,00, podemos afirmar que o preço de $3\frac{2}{5}$ kg dessa mesma substância será:

a) R$ 28,60
b) R$ 30,60
c) R$ 32,60
d) R$ 34,60
e) R$ 36,60

26. (CMRJ/08) Um automóvel percorreu, no primeiro dia de viagem, $\frac{2}{5}$ do percurso. No segundo dia, percorreu $\frac{1}{3}$ do que faltava e, no 3º dia, completou a viagem percorrendo 300 km. O percurso total, em km, é um número compreendido entre:

a) 500 e 600
b) 601 e 700
c) 701 e 800
d) 801 e 900
e) 901 e 1.000

27. (CMB/03) Oribogonto deseja tornar a fração $\frac{3}{28}$ quatro vezes maior. Que número ele deve subtrair do atual denominador para conseguir a fração procurada, sendo a mesma irredutível:

a) 4
b) 13
c) 16
d) 20
e) 21

28. (CMB/03) Ali e Babá disputaram um torneio de duplas de dominó; dos jogos que disputaram, venceram 3/5 e empataram 1/4. Se perderam apenas 6 vezes, quantos jogos a dupla disputou?

a) 34
b) 17
c) 40
d) 20
e) 80

29. (CMB/03) Em uma estrada existem dois restaurantes, um de frente para o outro. Um deles chama-se "Dois Quintos" e o outro "Oitenta KM". Esses nomes, dados pelos proprietários dos restaurantes, indicam em que ponto eles se localizam, a partir do início da estrada. Qual o comprimento dessa estrada?

a) 16 Km
b) 200 Km
c) 120 Km
d) 160 Km
e) 80 Km

30. (CMB/05) Em um certo país, uma lei para ser aprovada pelo Congresso Nacional necessita de mais da metade dos votos de seus deputados e senadores. Já para uma Emenda Constitucional, é necessário obter 2/3 dos votos desses mesmos componentes. Considerando-se que o Congresso Nacional desse país possui 600 componentes, a soma do mínimo de votos para aprovação de uma lei com o mínimo de votos para a aprovação de uma Emenda Constitucional é:

a) 600
b) 700
c) 701
d) 702
e) 1.200

31. (CMB/05) As frações equivalentes a $\dfrac{4}{9}$ e $\dfrac{5}{9}$, cujo denominador da fração equivalente à primeira fração citada seja igual ao numerador da fração equivalente à segunda fração citada são $\dfrac{a}{b}$ e $\dfrac{b}{c}$, respectivamente, como os valores de a, b, c naturais diferentes de zero. Calcule o menor valor de a + c:

a) 13
b) 20
c) 101
d) 45
e) 81

32. (CMB/05) Quantos pedaços iguais a 1/9 de um bolo você precisa comprar para dar 2/3 do bolo ao seu irmão e um bolo inteiro a sua mãe?

a) 5
b) 10
c) 15
d) 9
e) 27

Capítulo 8 - Números Fracionários | 149

33. (CMBH/02) Bernardo gastou 5/7 do seu salário e ainda sobrou a quantia de R$ 400,00, Se o salário mínimo vale R$ 200,00. Bernardo ganha:

a) 6 salários mínimos
b) 7 salários mínimos
c) 3 salários mínimos
d) 4 salários mínimos
e) 5 salários mínimos

34. (CMBH/02) Cláudio comprou uma moto e efetuou o pagamento da seguinte maneira: deu R$ 2.400,00 de entrada e pagou o restante em 12 prestações iguais, cada uma delas correspondendo a 1/15 do preço total da moto. O valor que Cláudio pagou pela moto foi:

a) R$ 7.500,00
b) R$ 8.000,00
c) R$ 10.200,00
d) R$ 12.000,00
e) R$ 12.500,00

35. (CMBH/02) Um operário trabalhando isoladamente faz um serviço em 6 horas e outro, também de forma isolada, cumpre o mesmo serviço na metade desse tempo. Se trabalharem juntos durante meia hora, farão a fração a/b do serviço. O produto a x b é igual a:

a) 1
b) 2
c) 3
d) 4
e) 5

36. (CMBH/04) O valor da expressão abaixo é:

$$\left(\dfrac{1 + \dfrac{1 + \dfrac{1 + \dfrac{1}{2}}{2}}{2}}{1 + \dfrac{1}{1 + \dfrac{1}{1 + \dfrac{1}{2}}}} \right) \div 0,75$$

a) $\dfrac{5}{4}$

b) $\dfrac{25}{4}$

c) $\dfrac{5}{16}$

d) $\dfrac{25}{64}$

e) $\dfrac{25}{16}$

37. (CMS/02) O resultado da operação abaixo é:

$$\dfrac{5}{3} - \dfrac{1}{5} \times \dfrac{10}{3} + \dfrac{5}{4} \div \dfrac{3}{8}$$

a) $1\dfrac{3}{10}$

b) $2\dfrac{2}{5}$

c) $3\dfrac{1}{3}$

d) $3\dfrac{2}{5}$

e) $4\dfrac{1}{3}$

38. (CMS/02) Na figura abaixo, a quantidade de quadrinhos que devem ser pintados de preto para que a fração correspondente à parte pintada de toda a figura seja equivalente a 1/4 é:

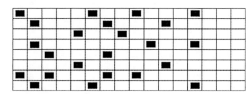

a) 5
b) 6
c) 7
d) 12
e) 9

39. (CMS/02) Comprei uma televisão em prestações mensais. A primeira prestação, com multa de atraso, foi R$ 88,00. O funcionário da loja me explicou que o valor da multa corresponde a 1/10 do valor da prestação. Assinale a alternativa que apresenta o valor da multa cobrada:

a) R$ 7,80
b) R$ 8,00
c) R$ 7,00
d) R$ 8,80
e) R$ 7,40

40. (CMS/03) O resultado do produto:

$$(13 \text{ dezenas e } 8 \text{ unidades}) \times (\frac{7}{3} \text{ de 1 dúzia})$$

é igual a:

a) 624
b) 1.986
c) 3.864
d) 2.650
e) 888

41. (CMS/03) Em uma sala de aula, $\frac{3}{8}$ das carteiras são ocupadas por meninos, $\frac{1}{2}$ por meninas e seis carteiras estão vazias. O total de carteiras dessa sala é igual a:

a) 20
b) 31
c) 36
d) 56
e) 48

42. (CMS/03) Paulo foi visitar uma coleção de carrinhos em um *Shopping* e, após a visita, afirmou que 1/5 dos carrinhos eram feitos de madeira e o restante era de plástico. Ele gostou tanto da coleção que voltou no dia seguinte para vê-la novamente. Dessa vez notou que um em cada dez carrinhos classificados por ele como de madeira no dia anterior era, na verdade, de plástico e um em cada dez carrinhos de plástico era, na realidade, de madeira. A fração que representa a quantidade de carrinhos de madeira em relação ao total de carrinhos é igual a:

a) $\dfrac{13}{50}$

b) $\dfrac{7}{25}$

c) $\dfrac{3}{10}$

d) $\dfrac{8}{25}$

e) $\dfrac{17}{50}$

43. (CMS/03) O valor numérico da expressão abaixo é:

$$\left(\dfrac{5}{4}+\dfrac{2}{3}\times\dfrac{5}{4}-\dfrac{1}{3}\right)\div\dfrac{1}{4}-\dfrac{3}{2}$$

a) 4,0
b) 4,5
c) 5,0
d) 5,5
e) 11,0

44. (CMSM/03) A equipe de professores de Língua Inglesa e Espanhola trabalha de maneira integrada as quatro habilidades de aquisição de uma língua: a fala, a audição, a leitura e a escrita. As turmas são formadas com no máximo 20 alunos divididos por níveis de conhecimento: básico, intermediário e avançado; independente da série em que o aluno se encontra. Não se preocupe e aproveite! A turma número sete do nível básico de inglês é composta por dezesseis alunos, três oitavos de alunos da turma se destacam na parte escrita. Quantos alunos não se destacam na habilidade mencionada?

a) 6
b) 16
c) 10
d) 8
e) 3

45. (CMSM/04) Determine a soma as frações: $\frac{1}{2}, \frac{1}{3} e \frac{1}{9}$, marcando a afirmativa correta:

a) o resultado é maior que 1;
b) o resultado é igual a 1;
c) faltou 1/9 para completar um inteiro;
d) faltou 1/18 para completar um inteiro;
e) faltou 1/36 para completar um inteiro.

46. (CMSM/04) Frações irredutíveis são aquelas em que o numerador e o denominador já foram simplificados ao máximo e continuam como números naturais. Identifique a fração que já está na forma irredutível:

a) $\frac{17}{51}$

b) $\frac{13}{52}$

c) $\frac{19}{26}$

d) $\frac{15}{27}$

e) $\frac{23}{69}$

47. (CMSM/05) Marcos e Paulo são dois alunos do Colégio Militar de Santa Maria e foram apostar corrida em uma pista de 300 metros de comprimento. Marcos conseguiu correr 4/5 da pista, enquanto Paulo conseguiu correr 5/6 da pista. Podemos afirmar que:

a) Marcos e Paulo correram a mesma distância;
b) Marcos correu 10 metros a mais que Paulo;
c) Marcos correu 20 metros a mais que Paulo;
d) Marcos correu 10 metros a menos que Paulo;
e) Marcos correu o dobro do que Paulo.

48. (CMSM/05) Ricardo é professor de Matemática da 5ª série. Em uma de suas provas, 1/3 dos alunos tiraram nota 5,0 (cinco). 2/5 dos restantes tiraram nota 7,0 (sete) e os demais tiraram nota vermelha. Que fração da classe tirou nota vermelha?

a) $\dfrac{5}{15}$

b) $\dfrac{6}{15}$

c) $\dfrac{7}{15}$

d) $\dfrac{8}{15}$

e) $\dfrac{9}{15}$

49. (CMR/03) Maisa, André e Gabriela ganharam, cada um, uma barra de chocolate exatamente igual. Maisa comeu 2/3 da sua barra de chocolate, André comeu 5/8 da sua barra e Gabriela, 3/4 da sua. Podemos afirmar que:

a) André comeu mais chocolate do que Maisa;
b) Quem mais comeu chocolate foi Maisa;
c) Sobrou mais chocolate na barra de Gabriela do que na de Maisa;
d) Quem menos comeu chocolate foi André;
e) Gabriela comeu menos chocolate do que André.

50. (CMR/03) Nas eleições para prefeito de uma cidade que tem 2520 eleitores, o candidato X obteve 2/5 dos votos e o candidato Y, 3/7. Houve ainda 3/35 de eleitores que votaram em branco e nulo. O número de eleitores que deixou de votar foi de:

a) 936
b) 864
c) 504
d) 360
e) 216

51. (CMR/03) Em uma cesta havia laranjas. Deu-se 2/5 a uma pessoa, a terça parte do resto a outra pessoa e ainda restaram 10 laranjas. O número de laranjas existentes na cesta era:

a) 15
b) 21
c) 25
d) 30
e) 37

52. (CMR/04) Simplificando a expressão abaixo, obtemos como resultado:

$$\frac{\dfrac{\dfrac{1}{3}+\dfrac{1}{2}+\dfrac{5}{6}}{\dfrac{2}{3}+\dfrac{3}{4}+\dfrac{1}{6}} \times 4\dfrac{3}{4}}{\dfrac{254 \times 399 - 145}{399 \times 253 + 254}} =$$

a) 1/5
b) 2/3
c) 3/5
d) 5/3
e) 5

53. (CMR/05) Na colméia, as abelhas trabalhavam para produzir a quantidade de mel roubado. Sabendo-se que uma abelha-operária enche um pote de mel em 3 dias e que uma abelha-soldado enche o mesmo pote de mel em 5 dias, pergunta-se:

Em quanto tempo duas abelhas, uma operária e uma soldado, encherão totalmente um pote de mel que se encontra vazio?

a) 1 dia e 21 horas
b) 2 dias e 11 horas
c) 3 dias e 21 horas
d) 4 dias
e) 4 dias e 12 horas

54. (CMPA/02) A soma do dobro de 3/4 com a metade de 5/2 é:

a) 11/4
b) 26/4
c) 2
d) 38/4
e) 9/4

55. (CMPA/03) Se x = 5/6, y = 1/3 e z = 1/2, então é correto afirmar que:

a) x : y = z
b) x = y : z
c) x . y = z
d) x = y . z
e) x = y + z

56. (CMPA/05) Qual o número natural que somado com 1/3 apresenta resultado igual a 40/3?

a) 20
b) 30
c) 19
d) 13
e) 17

57. (CMPA/06) Sobre frações, é correto afirmar que:

a) frações equivalentes são aquelas cujo numerador é maior que o denominador;
b) toda fração imprópria é menor que 1;
c) fração irredutível é aquela cujo numerador é igual ao numerador;
d) fração própria é aquela cujo numerador é menor que o denominador;
e) todo número natural pode ser representado por uma fração própria.

58. (CMPA/06) Sabe-se que 3/5 dos alunos de uma escola são meninos e que 1/4 desses meninos gosta de filmes de terror. Se na escola estudam 80 meninas, quantos meninos gostam de filme de terror?

a) 30
b) 120
c) 72
d) 50
e) 20

59. (CMPA/07) O cientista químico francês Louis Joseph Proust foi quem estabeleceu experimentalmente a Lei das Proporções Definidas. Proust ficou 2/9 de sua vida na escola básica, metade de sua vida estudando sobre sua descoberta e os últimos 20 anos dedicando-se à família. Determine o ano de nascimento de Proust, sabendo que ele morreu em 1826:

a) 1794
b) 1784
c) 1774
d) 1764
e) 1754

60. (CMF/06) Considere os números fracionários 3/5, 33/50, 67/100 e 650/1000. Podemos afirmar que:

a) o menor é 33/50;
b) a diferença entre o maior e o menor é 0,7;
c) a soma dos dois menores é 1,25;
d) dois deles são iguais;
e) 650/1000 é o maior.

61. (CMF/07) Simplificando a expressão

$$\frac{1}{2}x\left[5+\frac{3}{4}:\frac{1}{8}+2x\left(1-\frac{1}{2}\right)\right],$$

obtemos o valor:

a) 3
b) 6
c) 9
d) 12
e) 15

62. (CMCG/05) Da arrecadação de R$ 9.000,00 de uma partida de futebol, 1/10 vai para as despesas gerais. Do que resta, 5/6 vai para o time vencedor e o restante para o clube perdedor. o time perdedor recebe, em R$, a importância de:

a) 900,00
b) 1.350,00
c) 1.500,00
d) 6.750,00
e) 8.100,00

63. (CMCG/05) O número de garrafas com capacidade de 1/3 do litro que se pode encher com 25 litros de água é de:

a) 25
b) 50
c) 45
d) 60
e) 75

64. (CMCG/06) Sabendo que $2\frac{1}{3}$ kg de uma substância custam R$ 7,00, podemos afirmar que o preço de $5\frac{3}{5}$ kg dessa mesma substância será, em R$:

a) 16,80
b) 18,80
c) 19,80
d) 23,80
e) 28,80

65. (CMCG/06) A fração de denominador 35, equivalente a $\frac{16}{20}$ é:

a) $\frac{20}{35}$

b) $\frac{28}{35}$

c) $\frac{30}{35}$

d) $\frac{25}{35}$

e) $\frac{32}{35}$

66. (CMCG/06) O número de vezes que 1/3 está contido em 25/15 é:

a) 5/9
b) 1/5
c) 5
d) 4
e) 3

67. (CMCG/07) Em uma festa de casamento havia 220 convidados. Sabendo que 1/2 eram parentes da noiva, 5/11 eram parentes do noivo e que os demais convidados eram amigos do casal, podemos afirmar que o número de amigos do casal presentes na festa de casamento foi de:

a) 110
b) 100
c) 10

d) 22
e) 55

68. (CMM/02) As frações $\dfrac{15}{8}$ e $\dfrac{120}{x}$ são equivalentes. Então, o valor de x é:

a) 15
b) 8
c) 225
d) 64

69. (CMM/02) Dos conjuntos abaixo, o único que possui como elementos, somente frações aparentes é:

a) $\left\{\dfrac{0}{5}, \dfrac{6}{6}, \dfrac{4}{1}\right\}$

b) $\left\{\dfrac{10}{2}, \dfrac{8}{4}, \dfrac{1}{2}\right\}$

c) $\left\{\dfrac{6}{2}, \dfrac{8}{2}, \dfrac{1}{4}\right\}$

d) $\left\{\dfrac{7}{1}, \dfrac{8}{6}, \dfrac{9}{3}\right\}$

70. (CMJF/06) Na figura abaixo, temos um marcador de combustível de um caminhão. No momento, há 45 litros de combustível no tanque. Nessas condições, a capacidade total do tanque, em litros, é:

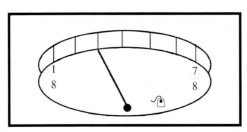

a) 125
b) 120
c) 130
d) 135
e) 140

Capítulo 9

Números Decimais

PARTE INTEIRA	,	PARTE DECIMAL
4ª 3ª 2ª 1ª		1ª 2ª 3ª 4ª

⇨ Toda fração decimal dá origem a um número decimal.
⇨ Um número decimal pode ser exato(dízima finita) ou inexato (dízima infinita)
⇨ Todo número racional pode ser escrito na forma $\frac{p}{q}$, com $q \neq 0$, $p \in Z$, $q \in Z$.
⇨ Toda fração decimal de numerador 1 é chamada de unidade decimal fracionária.
   Exemplo: $\frac{1}{10}$; $\frac{1}{100}$
⇨ Qualquer número decimal ou qualquer número inteiro também pode ser escrito na forma de uma dízima periódica.
   Exemplo 1: 0,99999.... = 1
   Exemplo 2: 0,399999.... = 0,4
   Exemplo 3: 5,9999... = 6

Prefixo	Número Decimal
Deci	0,1
Centi	0,01
Mili	0,001
Micro	0,000001
Nano	0,000000001
Pico	0,000000000001

Leitura do Número Decimal

1°) Lê-se como se fosse inteiro e enuncia-se em seguida a ordem da última unidade decimal.
Exemplo: 32,7 ⇨ Trezentos e vinte e sete décimos.

2°) Quando o número tem parte inteira e parte decimal, lê-se cada parte separadamente.
Exemplo: 32,7 ⇨ Trinta e dois inteiros e sete décimos.

Conversão de uma Fração Decimal em um Número Decimal

Para converter uma fração decimal em um número decimal, escreve-se o numerador e separa-se por uma vírgula, a partir da direita, tantos algarismos decimais quantos forem os zeros do denominador.

Exemplo: $\dfrac{5417}{100}$ ⇨ 54,17

Conversão de um número decimal em uma fração decimal

Escreve-se no numerador o número inteiro obtido suprimindo-se a vírgula e, no denominador, a unidade, seguida de tantos zeros quantos forem os algarismos decimais.

Exemplo: 0,013 ⇨ $\dfrac{13}{1000}$

Propriedades

1°) O valor de um número decimal não se altera quando se acrescentam ou se suprimem zeros à direita desses números.
Exemplo: 3,2 = 3,20 = 3,200

2°) Para multiplicar um número decimal, por 10, 100, 1000, ... desloca-se a vírgula, para a direita, uma, duas, três, ... ordens decimais. Se faltarem algarismos, acrescentam-se zeros.
Exemplo 1: 34,18 x 10 = 341,8
Exemplo 2: 5,4 x 1000 = 5400

3°) Para dividir um número decimal, por 10, 100, 1000, ... desloca-se a vírgula, para a esquerda, uma, duas, três, ... ordens decimais. Se faltarem algarismos, serão eles supridos com zeros.
Exemplo 1: 34,18 : 10 = 3,418
Exemplo 2: 5,4 : 1000 = 0,0054

Operações Fundamentais

1ª) ADIÇÃO ⇨ Somam-se os números decimais como se fossem inteiros, bastando para isso, escrever os algarismos que representam a mesma ordem decimal, uns embaixo dos outros.
Exemplo: 4,7 + 12,42

```
        4 , 7
+   1   2 , 4   2
─────────────────
    1   7 , 1   2
```

2ª) SUBTRAÇÃO ⇨ Procede-se de modo análogo à adição. Escreve-se o subtraendo debaixo do minuendo, de modo que as vírgulas se correspondam. Se o subtraendo for maior que o minuendo, invertemos a posição, sendo o resultado negativo.
Exemplo 1: 12,42 – 4,7

```
    1   2 , 4   2
-       4 , 7
─────────────────
        7 , 7   2
```

Exemplo 2: 3,6 – 5,8

```
        5 , 8
-       3 , 6
─────────────────
-       2 , 2
```

3ª) MULTIPLICAÇÃO ⇨ Multiplicam-se os números decimais como se fossem inteiros, sem se preocupar com as vírgulas. Em seguida, separam-se no produto tantas casas decimais quantas forem as do multiplicador mais as do multiplicando.
Exemplo: 7,**33** x 1,**9** ⇨ 13927 ⇨ 13,**927**

4ª) DIVISÃO ⇨ A divisão de números decimais apresenta dois casos:

I- O divisor inteiro ⇨ Efetua-se a divisão como o dividendo fosse inteiro, em seguida coloca-se tantas casas decimais no quociente quantas há no dividendo.
Exemplo: 20,**16** : 14

```
2016  | 14
 61   | 144    ⇨    1,44
 56
  0
```

II- O divisor é decimal ➪ Quando o divisor é decimal, multiplicam-se o dividendo e o divisor por uma potência de dez de modo que o divisor se torne inteiro e assim procedemos como no caso anterior.

Exemplo: $5,964 : 2,8 \xrightarrow{\times 10} 59,64 : 28$

```
5964 | 28
 36  | 213   ➪   2,13
 84
  0
```

Divisão com Quocientes Aproximados

A divisão de números inteiros ou decimais pode apresentar um quociente inexato. Quando isso ocorre, procura-se o maior número inteiro ou decimal cujo produto pelo divisor se aproxime, tanto quanto se queira, do dividendo. Esse número é um quociente aproximado por erro, e essa aproximação tanto pode ser por falta como por excesso.

Ex.: $63 : 13$ ➪

```
63 | 13
11 | 4
```
$\Rightarrow 4 < \dfrac{63}{13} < 5$

Repare que, na divisão de 63 por 13, o quociente não é exato, ou seja, o número está compreendido entre 4 e 5.

Logo podemos tomar como quociente o número 4 ou o número 5, sendo por falta no primeiro caso e por excesso no segundo.

```
63 | 13
11 | q
```

$q = 4$ ➪ quociente aproximado por falta a menos de uma unidade
$q = 5$ ➪ quociente aproximado por excesso a menos de uma unidade

Arredondamento

É a aproximação que se faz em um ou mais algarismos na parte decimal de um número, e o mesmo pode modificar ou não o algarismo da esquerda daquele que foi abandonado.

1º) Se o algarismo a ser abandonado for maior do que 5, soma-se 1 ao algarismo da esquerda.
Exemplo: 7,318 ≅ **7,32** (aproximação centesimal)

2º) Se o algarismo a ser abandonado for menor do que 5, conserva-se o algarismo da esquerda.
Exemplo: 5,74 ≅ 5,7 (aproximação decimal)

Notação Científica

Denomina-se Notação Científica qualquer número expresso da forma a x 10^n, onde:

$$1 \leq a < 10 \text{ e } n \in \Re^*$$

Exemplo 1: 7 x 10^4
Exemplo 2: 4,12 x 10^{-3}

Características de Fatores Racionais que são Maiores do que Zero e Menores do que um

O produto de fatores racionais que estejam entre zero e um será sempre menor do que qualquer fator.
Exemplo: 0,2 x 0,3 = 0,06 → 0,06 é menor do que 0,2 e 0,3.

Questões dos Colégios Militares

01. (CMRJ/93) O quociente de 16,0623 por 4,86 é:

a) maior que 4 unidades;
b) tem como valor 3,35;
c) um número decimal compreendido entre 3,3 e 3,31;
d) uma dízima periódica composta;
e) uma dízima periódica simples.

02. (CMRJ/94) Um pintor de letras, contratado para numerar as poltronas de um auditório, cobrou R$ 0,50 por algarismo que pintasse. Tendo começado pela poltrona de número 49, ao final do seu trabalho recebeu R$ 405,00. Sabendo-se que ele numerou todas as poltronas restantes com números consecutivos, quantas poltronas ele numerou?

a) 335 poltronas
b) 287 poltronas
c) 280 poltronas
d) 274 poltronas
e) 236 poltronas

03. (CMRJ/94) A soma dos três números que figuram em uma subtração é 1,5. O resto excede o subtraendo de 0,23. Quanto devemos somar ao dobro do resto para obtermos a unidade?

a) 0,02
b) 0,2
c) 0,25
d) 0,48
e) 0,51

04. (CMRJ/96) Em outubro passado, o Governo Federal divulgou o pacote de medidas que foram tomadas com o objetivo de cortar despesas e aumentar as receitas da União em R$ 6,5 bilhões no próximo ano. A quantidade de reais citada nessa notícia pode, também, ser indicada pelos seguintes numerais:

a) 6.500.000.000.000 ou 65×10^{11}
b) 65.000.000.000.000 ou $6,5 \times 10^{10}$
c) 6.500.000.000 ou $0,65 \times 10^{10}$
d) 6.500.000.000 ou $6,5 \times 10^{8}$
e) 650.000.000 ou 65×10^{7}

05. (CMRJ/97) O Clube do Saldanha utiliza em suas instalações uma moeda própria, o "sonho". Cada "sonho" equivale a R$ 0,30. Veja a tabela de preço da cantina do clube:

MERCADORIA	"SONHOS"
Refrigerante	3
Cerveja	6
Hambúrguer	6
Almoço	20
Petiscos	15
Salgados	4
Doces	5

Uma família, no fim de semana, consumiu 13 cervejas, 12 refrigerantes, 8 almoços, 3 petiscos, 2 hambúrgueres, 4 salgados e 6 doces. O gasto da família, em reais, foi de:

a) R$ 87,50
b) R$ 99,70
c) R$ 112,20
d) R$ 113,10
e) R$ 115,80

06. (CMRJ/98) Se Paulo comprasse figurinhas de R$ 0,15 cada, ficaria com R$ 0,10 sobrando. Porém se comprasse o mesmo número de figurinhas de R$ 0,18 cada, ficaria faltando R$ 0,02. A quantidade de figurinhas que Paulo pretende comprar é:

a) 3
b) 4
c) 5
d) 6
e) 7

07. (CMRJ/99) Um dia de sol, Betinho vende laranjas descascadas e geladinhas, na praia. De madrugada, vai para a feira, onde compra cada 3 laranjas a R$ 0,10; mais tarde, revende, na praia, 5 laranjas por R$ 0,30. No domingo passado, ao final da tarde, conseguiu vender todas as suas laranjas e ficou feliz ao constatar que a diferença entre o que ele apurou e o que ele gastou era de R$ 20,00. A quantidade de laranjas vendidas foi de:

a) 180
b) 570
c) 750
d) 810
e) 930

08. (CMRJ/01) Considere a soma dos seis números cujos numerais, de três algarismos distintos, podem ser formados com os algarismos indo-arábico 1, 3 e 7. No numeral que representa essa soma, o quociente da divisão do valor absoluto do algarismo de quarta ordem pelo valor relativo do algarismo de segunda ordem é:

a) 0,005
b) 0,05
c) 0,5
d) 5
e) 50

09. (CMB/03) Comprei em um supermercado 4(quatro) cremes dentais e 6(seis) sabonetes. Cada creme dental custou R$ 0,65 e cada sabonete, R$ 0,48. Paguei com uma nota de R$ 10,00. Quanto recebi de troco?

a) R$ 4,52
b) R$ 8,87
c) R$ 3,52
d) R$ 5,52
e) O dinheiro não dava

10. (CMB/04) Um calígrafo cobra, para numerar as páginas do original de uma obra, a quantia de R$ 0,85 por cada algarismo que escreve. Para numerar uma obra, desde a página 115 até a página 1.115, ele cobrará:

a) R$ 850,85
b) R$ 849,15
c) R$ 2.645,20
d) R$ 2.651,15
e) R$ 850,00

11. (CMBH/02) Um mapa do tesouro continha a seguinte expressão matemática:

$$150 \times (0,39 + 6,61) - 3.000 \times (7,80 - 7,45)$$

Essa expressão indicava o número total de passos a serem dados de forma a atingir, daquele ponto e na direção assinalada, o tesouro enterrado. A fim de ajudar o descobridor do tesouro perdido, marque a quantidade de passos a serem dados de maneira que ele encontre o tesouro:

a) 0
b) 1
c) 2
d) 3
e) 4

12. (CMBH/03) Dividir um número por 0,0125 é o mesmo que multiplicar esse mesmo número por:

a) 125/10000
b) 80
c) 800

d) 8
e) 1/8

13. (CMBH/05) Na "Semana do Meio Ambiente" do Colégio Militar de Recife, foram plantadas dez árvores em linha reta. Sabendo-se que a distância entre duas árvores consecutivas é de 10,45 metros. Determine a distância entre a primeira e a última árvore. (Desprezar o diâmetro das árvores durante seus cálculos). O valor encontrado é:

a) 83,60 metros
b) 94,05 metros
c) 101,05 metros
d) 103,50 metros
e) 104,50 metros

14. (CMBH/05) A tecla de divisão da calculadora de Juninho não funciona. Então para encontrar o resultado da divisão de um número por 20, ele terá que multiplicar esse número por:

a) 0,025
b) 0,20
c) 0,125
d) 0,5
e) 0,05

15. (CMBH/05) Uma empresa contrata funcionários através de um teste. Uma das etapas desse teste é a resolução da expressão abaixo:

$$\dfrac{\left(\dfrac{1}{4}+\dfrac{2}{5}\right) x \left(\dfrac{56}{9} x \dfrac{36}{169} : \dfrac{14}{13}\right)}{\dfrac{5}{7} - \dfrac{\dfrac{4}{7}+\dfrac{3}{8}-\dfrac{3}{4}}{1,1:0,8}}$$

O candidato que consegue resolver essa expressão recebe, em pontos, o quíntuplo do valor encontrado. A quantidade de pontos obtidos pelo candidato, nesta etapa, ao resolver corretamente a expressão, é igual a:

a) 6
b) 7
c) 8
d) 9
e) 10

16. (CMBH/07) Um artista foi contratado para numerar 285 páginas de um álbum de fotos históricas, a partir da página 1. Se ele recebeu R$ 1,50 para cada algarismo que desenhou, então, após ter completado o serviço, recebeu:

a) R$ 558,50
b) R$ 1.113,00
c) R$ 747,00
d) R$ 670,50
e) R$ 1.120,50

17. (CMBH/07) O valor da expressão $\dfrac{0,2 \times 0,7 - 4 \times 0,01}{0,5 x \dfrac{1}{5} + 0,9}$ tem como resultado um número:

a) decimal
b) primo
c) par
d) ímpar
e) múltiplo de 4

18. (CMBH/08) Em 1899, o milionário, um dos "Reis do Petróleo", Monsieur Deutsh de La Meurthe ofereceu um prêmio de cem mil francos ao primeiro aeronauta que, dentro de cinco anos seguintes, partindo de Saint-Cloud, circunavegasse a Torre Eiffel e voltasse ao ponto de partida em menos de 30 minutos. Eram, precisamente, 11 quilômetros.

O dinheiro foi depositado em um banco e o prazo começou a contar a partir de 1º de maio de 1900. A cada balão construído, Santos Dumont se deparava com vários cálculos matemáticos, transformando frações em números decimais e vice-versa.

Identifique a alternativa que mostre a representação decimal do resultado da expressão:

$$\left[\left(\dfrac{3}{2} - 1,3\right) + \left(\dfrac{3}{4} + \dfrac{1}{6} \times 2,4\right)\right] \div \dfrac{9}{10}$$

a) 0,67
b) 1,5
c) 2,3
d) 1,9
e) 0,5

19. (CMS/01) Para pagar uma dívida de R$ 6,83, dei uma nota de cinquenta reais, O valor do troco que devo receber é de:

a) R$ 41,27
b) R$ 41,17

c) R$ 42,27
d) R$ 43,27
e) R$ 43,17

20. (CMS/01) A divisão 3.871 : 84.230 tem o mesmo resultado que:

a) 0,3871 : 0,8423
b) 3,871 : 842,3
c) 3,871 : 8,423
d) 387,1 : 8.423
e) 38,71 : 8,423

21. (CMS/01) Observe as sentenças:

I- $35 + 35 + 35 + 35 + 35 + 35 = 6 \times 35$

II- $\dfrac{1}{3} + \dfrac{2}{5} = \dfrac{3}{8}$

III- $3,25 > 3,2498$

Assinale a alternativa que apresenta as sentenças corretas:

a) Somente I e III estão corretas;
b) Somente I e II estão corretas;
c) Somente II e III estão corretas;
d) Todas estão corretas;
e) Nenhuma está correta.

22. (CMS/02) Uma porção de bombons estava sendo vendida por R$ 8,80 em uma padaria. Comprei duas porções inteiras e mais três quartos de outra porção. O valor total de minha compra foi de:

a) R$ 17,60
b) R$ 19,80
c) R$ 26,40
d) R$ 24,20
e) R$ 26,80

23. (CMS/03) Para dividir R$ 45,00 igualmente entre 4 pessoas, necessitamos de notas de 1 e de 10 reais e moedas de centavos. Assim sendo, além das notas de reais, cada pessoa receberá **uma** moeda no valor de:

a) 5 centavos

b) 50 centavos
c) 25 centavos
d) 1 centavo
e) 10 centavos

24. (CMS/05) A diferença entre o maior e o menor dos números abaixo é:

$$0,5 \; ; \; \frac{1}{3} \; ; \; \frac{2}{5} \; ; \; 1,2 \; ; \; \frac{11}{9}$$

a) 0,7

b) $\frac{8}{9}$

c) $\frac{13}{15}$

d) $\frac{4}{5}$

e) 0,3

25. (CMS/07) Um milésimo multiplicado por um centésimo cujo resultado é dividido por quatro décimos de milionésimo é igual a:

a) 0,025
b) 0,25
c) 2,5
d) 25
e) 250

26. (CMSM/03) A banda de música do CMSM é formada por alunos voluntários que dedicam as horas de lazer para estudar música. O método de ensinar os alunos é prático, direto com o instrumento desejado. Na apresentação da banda de música, cada praticante precisa prestar muita atenção aos gestos do mestre da banda e principalmente na hora de resolver exercícios de Matemática. Efetue a multiplicação de dois números decimais, o primeiro fator tem 4 casas decimais e o último algarismo decimal é igual a 3, o segundo fator tem 6 casas decimais e o último algarismo é igual a 5. Quantas casas decimais terá o produto?

a) dez
b) dezoito
c) vinte e quatro

d) quatro
e) seis

27. (CMSM/04) Para saber contar histórias, temos que ler sempre. Considerando que você tem 20 reais, quer comprar uma coleção de 8 livros e cada livro custa três reais e quarenta centavos. Quanto você ainda precisa para comprar a coleção?

a) R$ 27,20
b) R$ 6,80
c) R$ 7,20
d) R$ 3,40
e) Não precisa de mais dinheiro

28. (CMR/03) Sendo x = 0,17, y = 0,7 e z = 0,10, podemos afirmar que:

a) y < x < z
b) z < x < y
c) x < y < z
d) y < z < x
e) z < y < x

29. (CMR/04) Dividir um número por 0,0625 equivale a multiplicá-lo por:

a) 0,16
b) 0,6
c) 1,16
d) 1,6
e) 16

30. (CMR/07) As crianças resolveram ir à caverna de Orfeu seguindo as indicações do enigma. Chegando à entrada da caverna, havia uma porta que só se abriria se o próximo enigma fosse desvendado. Rita percebeu que havia nessa porta a seguinte expressão:

$$3,21 : 3 - 0,33 \times 3 + (0,012 + 1,5) : 16,8$$

O resultado da expressão é:

a) 1,70
b) 0,17
c) 0,0071
d) 1,07
e) 0,71

31. (CMPA/02) O valor da expressão $\left[\left(\dfrac{3}{2}-1,3\right)+\left(\dfrac{3}{4}+\dfrac{1}{6}x\,2,4\right)\right]:\dfrac{9}{10}$ é um número:

a) menor do que 1;
b) maior do que 1 e menor do que 4;
c) primo
d) maior do que 4 e menor do que 10;
e) natural

32. (CMPA/05) Dividindo-se 0,612 por 0,3 obtém-se quociente igual a:

a) 2,4
b) 2,04
c) 20,4
d) 0,204
e) 0,24

33. (CMPA/07) O número decimal 2,385 está compreendido entre:

a) 2,3905 e 3,0251
b) 2,3754 e 2,3828
c) 2,3805 e 2,3835
d) 2,3799 e 2,3849
e) 2,3819 e 3,4153

34. (CMPA/07) Sabendo que 133 x 155 = 20615, podemos concluir que 206,15 : 0,155 é igual a:

a) 1330
b) 13,3
c) 1,33
d) 0,133
e) 133

35. (CMF/06) A expressão (8,815 – 3,23 x 0,5) : (18 : 50) é igual a:

a) 20
b) 25
c) 14
d) 23
e) 17

36. (CMF/06) A soma dos valores absolutos dos algarismos do número que representa o resultado da expressão abaixo é:

$$5,34 + 3,55 + 60,43 : 10$$

a) 5
b) 6
c) 7
d) 8
e) 9

37. (CMF/07) A diferença 0,675 – 0,0089 é igual a:

a) 0,6771
b) 0,6671
c) 0,6761
d) 0,6661
e) 0,5661

38. (CMF/08) Sobre a diferença entre um décimo de 87,45 e um milésimo de 8745, podemos afirmar que:

a) é um número par maior que 8;
b) é um número ímpar menor que 8;
c) é igual a 8;
d) é um número decimal maior que 8;
e) é igual a zero.

39. (CMCG/05) O resultado da expressão (3 – 2,78) x 0,5 + (9,68 : 22) : 0,04 é

a) 11,11
b) 11,22
c) 0,11
d) 0,22
e) 22

40. (CMCG/06) Ao praticar esportes devemos ter cuidado, pois há uma frequência cardíaca máxima (batimentos por minuto) que nosso coração pode suportar. Para saber qual é esta frequência, uma pessoa com idade entre 20 de 80 anos deve realizar a seguinte operação:

freqüência máxima = 208 – 0,7 X idade

Portanto, por exemplo, para uma pessoa de 40 anos temos:

⇨ freqüência máxima = 208 − 0,7 x 40
⇨ freqüência máxima = 208 − 28
⇨ freqüência máxima = 180

Podemos afirmar que a frequência cardíaca máxima para uma pessoa de 60 anos é de:

a) 166
b) 173
c) 180
d) 159
e) 250

41. (CMCG/07) O valor da expressão {0,7 + [2,5 + (0,5 − 0,3)]} − (0,35 : 0,25) é:

a) 0
b) 2
c) 0,01
d) 0,1
e) 1

42. (CMM/02) A leitura correta de 0,049 é:

a) Quarenta e nove décimos
b) Quarenta e nove milésimos
c) Quarenta e nove centésimos
d) Quarenta e nove décimos milésimos

43. (CMM/03) O resultado da expressão (1 + 0,5) x 0,3 é igual:

a) 0,35
b) 0,45
c) 1,8
d) 3,5
e) 4,5

44. (CMM/05) Somando-se cinco inteiros e duzentos e cinco milésimos com dois inteiros e setecentos e noventa e cinco milésimos, obtém-se:

a) 7,905
b) 7,995

c) 8
d) 8,005
e) 8,995

45. (CMM/06) Multiplicar por 0,1 é o mesmo que:

a) multiplicar por 10;
b) dividir por 10;
c) dividir por 100;
d) multiplicar por 100;
e) dividir por 0,01.

46. (CMJF/04) Conforme a informação extraída da revista Superinteressante, a população chinesa é de 1,3 bilhões de habitantes. E se todos os chineses plantassem uma árvore? Se cada chinês plantasse 139 árvores em um lote quadrado de 30 metros de lado; , para que o litoral brasileiro voltasse a ser tão verde quanto o que Cabral avistou considerando o total de chineses, o número de árvores plantadas seria:

a) 1807×10^7
b) 1807×10^8
c) 1807×10^9
d) 1807×10^{10}

47. (CMJF/05) Ao todo, 206 ossos compõem o esqueleto humano. O maior é o fêmur, o osso da coxa, que tem cerca de 50 centímetros nos adultos. O menorzinho é o estribo, um osso que fica no ouvido e tem só 0,25 centímetros. A medida do maior osso do esqueleto humano é aproximadamente quantas vezes maior do que a medida do menor osso?

a) 2
b) 20
c) 200
d) 2000

48. (CMJF/06) Quantos metros de arame serão necessários para cercar um terreno retangular que mede 20 m de frente e 30 m de fundo (lateral), se a cerca será feita com 4 fios de arame?

a) $4,0 \times 10^2$ m
b) $4,1 \times 10^3$ m
c) $40,1 \times 10^2$ m
d) 400×10^2 m
e) 400×10^3 m

Capítulo 10

Dízimas

Quando convertemos uma fração em um número decimal podem acontecer dois casos:
⇨ 1º decimal exato ou dízima finita;
⇨ 2º decimal não-exato ou dízima infinita.

Representações de uma Dízima Periódica

$$\text{Exemplo: } 0,272727... \begin{cases} 0,(27) \\ 0,[27] \\ 0,\overline{27} \\ 0,2\overset{..}{7} \end{cases}$$

⇨ Vamos definir alguns nomes na Dízima Periódica:

1º- Período ⇨ É o algarismo ou o grupo de algarismos que se repetem indefinidamente na parte decimal.

Exemplo 1:   3,**2**2222...
⇩
Período

Exemplo 2:   0,35**35**35...
                    ⇩
                 Período

2º - Anteperíodo ⇨ É o algarismo ou o grupo de algarismos que aparecem logo após a vírgula, e não se repetem.

Exemplo 1:   0,**2**3333...
                    ⇩
                 Anteperíodo

Exemplo 2:   1,**54**818181...
                    ⇩
                 Anteperíodo

A dízima periódica pode ser simples ou composta.

Dízima Periódica Simples (D.P.S.) ⇨ O período aparece logo após a vírgula, não existe o anteperíodo.
Exemplo: 0,77777...

Dízima Periódica Composta (D.P.C.) ⇨ O período não aparece logo após a vírgula, pois surge o anteperíodo.
Exemplo: 0,27777...

Conversão de Fração Ordinária em Número Decimal

Na conversão de uma fração ordinária, onde os seus termos são números inteiros positivos, em um número decimal, podemos obter como resultado:

1º) Número Inteiro:

Exemplo: $\dfrac{6}{3} = 2$

2º) Número decimal exato ou dízima finita:

Exemplo: $\dfrac{3}{5} = 0,6$

3°) **Número decimal inexato ou dízima infinita periódica:**

a) **Simples:**

Exemplo: $\dfrac{1}{3} = 0,33333......$

b) **Composta:**

Exemplo: $\dfrac{11}{60} = 0,183333.....$

Fração Geratriz da Dízima Periódica Simples

A fração tem para numerador o período e para denominador o número formado por tantos noves quantos forem os algarismos do período.

Exemplo 1: $0,2222... \Rightarrow \dfrac{2}{9}$

Exemplo 2: $0,313131... \Rightarrow \dfrac{31}{99}$

Exemplo 3: $4,1111... \Rightarrow 4 + \dfrac{1}{9} = \dfrac{37}{9}$ ou $\dfrac{41-4}{9}$

Fração Geratriz da Dízima Periódica Composta

A fração tem para numerador o número formado pelo anteperíodo seguido do período menos o anteperíodo e, para denominador, o número formado por tantos noves quantos forem os algarismos do período, seguidos de tantos zeros quantos forem os algarismos do anteperíodo.

Exemplo 1: $0,1333... \Rightarrow \dfrac{13-1}{90} = \dfrac{12}{90} = \dfrac{2}{15}$

Exemplo 2: $2,45151... \Rightarrow 2 + \dfrac{451-4}{990}$ ou $\dfrac{2451-24}{990}$

Caso Especial de Dízima Periódica

As dízimas periódicas cujo período é 9 não possuem FRAÇÕES GERATRIZES.
Exemplo 1: 0,99999....... = 1
Exemplo 2: 7,99999..... = 8
Exemplo 3: 0,4(9) = 0,5

Nota: Não confunda 0,4(9) com 0,(49), porque esta dízima possui fração geratriz.

Operações com Dízimas Periódicas

Substituem-se as dízimas periódicas por suas frações geratrizes.

01. Efetue:
$$0,76666..... + 1,3333....... + 0,83333....... =$$

$$\frac{76-7}{90} + \frac{13-1}{9} + \frac{83-8}{90} \Rightarrow \frac{69}{90} + \frac{12}{9} + \frac{75}{90} \Rightarrow$$

$$\frac{69}{90}\Big/_1 + \frac{12}{9}\Big/_{10} + \frac{75}{90}\Big/_1 \Rightarrow \frac{69+120+75}{90} \Rightarrow \frac{264}{90} \Rightarrow \frac{44}{15} \text{ ou } 2,933333.....$$

Critérios para Identificação de Dízimas por meio de Frações Irredutíveis

1º) Dízima Finita (D.F.):
Quando o denominador contiver, na sua composição, somente os fatores primos 2 ou 5, ou ambos.

Exemplo 1: $\dfrac{1}{2}$

Exemplo 2: $\dfrac{1}{5^2}$

Exemplo 3: $\dfrac{1}{2^3 \times 5}$

Exemplo 4: $\dfrac{7}{2 \times 5^2}$

Nota: Nesse caso, o número de casas decimais é sempre igual ao maior dos expoentes de 2 ou 5.

Exemplo 1: $\dfrac{1}{2}$ ⇨ 1 casa decimal

Exemplo 2: $\dfrac{1}{5^2}$ ⇨ 2 casas decimais

Exemplo 3: $\dfrac{1}{2^3 x 5}$ ⇨ 3 casas decimais

2°) Dízima Periódica Simples (D.P.S.):
Quando o denominador contiver, na sua composição, fatores primos diferentes de 2 e 5.

Exemplo 1: $\dfrac{1}{7}$

Exemplo 2: $\dfrac{1}{3 x 11}$

Exemplo 3: $\dfrac{5}{3^2 x 7}$

3°) Dízima Periódica Composta (D.P.C.):
Quando o denominador contiver, na sua composição, além de outros fatores primos, os fatores primos 2 ou 5, ou ambos.

Exemplo 1: $\dfrac{1}{2 x 3}$

Exemplo 2: $\dfrac{1}{2 x 3 x 5^4}$

Exemplo 3: $\dfrac{1}{5^3 x 13^4}$

Nota: Nesse caso, o número de algarismos do anteperíodo é igual ao maior dos expoentes de 2 ou 5.

Exemplo 1: $\dfrac{1}{2 x 3}$ ⇨ 1 algarismo no anteperíodo

Exemplo 2: $\dfrac{1}{2 x 3^5 x 5^4}$ ⇨ 4 algarismos no anteperíodo

DENOMINADOR DA FRAÇÃO IRREDUTÍVEL		
Tipo	Fatores Primos 2 e ou 5	Outros Fatores Primos ≠ 2 e 5:
D.F.	x	
D.P.S		x
D.P.C	x	x

Exercícios Resolvidos

01. Em que espécie de dízima converter-se-á a fração $\dfrac{7}{500}$?

Resposta: *Decompomos o denominador da fração* ⇨ $500 = 2^2 x 3 x 5^3$. *Observe que a fração converter-se-á em uma dízima periódica composta, pois o denominador, além dos fatores primos 2 e 5, contém o fator primo 3.*

Além disso, podemos afirmar que está dízima terá 3 algarismos no anteperíodo, porque o maior expoente entre os fatores primos 2 e 5 é 3.

02. Em que espécie de dízima converter-se-á a fração $\dfrac{2}{33}$?

Resposta: *Decompomos o denominador da fração* ⇨ $33 = 3 x 11$. *Observe que a fração converter-se-á em uma dízima periódica simples, pois o denominador só contém fatores primos diferentes de 2 e 5.*

03. Em que espécie de dízima converter-se-á a fração $\dfrac{3}{20}$?

Resposta: *Decompomos o denominador da fração* ⇨ $20 = 2^2 x 5$. *Observe que a fração converter-se-á em uma dízima finita, pois o denominador só contém os fatores primos 2 e 5.*

Além disso, podemos afirmar que esse número decimal exato terá 2 algarismos na parte decimal, porque o maior expoente entre os fatores primos 2 e 5 é 2.

Observações:

1) $0,777777\ldots$ é também $\dfrac{7}{10} + \dfrac{7}{100} + \dfrac{7}{1000} + \dfrac{7}{10000} + \ldots$

2) A repetição de algarismos não caracteriza uma dízima periódica, ou seja, é necessário que essa repetição seja infinita.

3) A lógica do aparecimento do algarismo na parte decimal de um número, por exemplo: $21,0102030405\ldots$, não caracteriza uma DÍZIMA PERIÓDICA.

4) O limite da quantidade de algarismos no período de uma dízima periódica simples está na subtração de uma unidade do denominador desta fração geratriz, e, conforme a CONJECTURA DE ARTIN, toda dízima periódica simples que alcança essa premissa possui, na multiplicação dos números naturais maiores que 1 e menores que o divisor, a movimentação rotativa dos algarismos.

Exemplo:

$\dfrac{1}{7} = 0,142857142857142857\ldots$, o divisor é 7 e possui 6 algarismos no período.

Vamos, então, multiplicar essa dízima por 2 para ver o que acontece com os algarismos do período.

$\dfrac{1}{7} \times 2 = \dfrac{2}{7} = 0,285714285714285714\ldots$

Repare que os algarismos são os mesmos, apesar das ordens serem diferentes; contudo, estão na mesma sequência, ou seja, depois do algarismo 1 vem o 4, depois do 4 vem o 2, depois do 2 vem o 8, depois do 8 vem o 5, e assim por diante.

Experimente você multiplicar a fração 1/7 por 3, depois por 4, depois por 5 e, por fim, por 6, verificando o que ocorre com os algarismos do período.

Questões dos Colégios Militares

01. (CMRJ/95) Se dividirmos a geratriz da dízima 0,03333.... pela geratriz da dízima 0,16666.... e somarmos o quociente com a geratriz da dízima 0,30303030...., encontraremos uma fração que excede 0,5 em:

a) 1/30
b) 1/33
c) 1/300

d) 1/330
e) 1/1000

02. (CMRJ/97) O número pelo qual se deve multiplicar $2\frac{1}{3}$ para se obter um resultado igual a 0,4444..... é:

a) 4/21
b) 4/3
c) 14/9
d) 7/3
e) 7/2

03. (CMRJ/01) Simplificando-se a expressão abaixo, obtemos o seguinte resultado:

$$\frac{1\frac{1}{4} \times 1,8 - 1,6 \times 1\frac{1}{5}}{3,5 : 2 + 4\frac{1}{4} : 11,9} \times 0,\overline{45} : \frac{7}{59}$$

a) 7/4
b) 5/3
c) 2/3
d) 4/7
e) 3/5

04. (CMRJ/02) Sobre a expressão abaixo, podemos afirmar que o seu resultado é:

$$\left[\frac{3}{2\frac{6}{7}} - \frac{1}{4-\frac{11}{4}}\right] + \frac{0,01 \times 0,04}{0,002} \times \left(\frac{1}{3} \div 0,0\overline{4} \times 1,\overline{5}\right)$$

a) 43/60
b) 31/12
c) 9/4
d) 7/6
e) 5/2

05. (CMB/07) A expressão $\left[\left(2+\frac{7}{21}\right) \times \frac{3}{5} + 0,4 \times \frac{1}{0,8}\right] \times 10 - 0,3$ é igual a:

a) dezoito inteiros e sete décimos
b) onze inteiros e sete décimos
c) oito inteiros e sete décimos

d) sete inteiros e sete décimos
e) seis inteiros e sete décimos

06. (CMB/07) Simplificando a fração, $\dfrac{1003+1003+1003}{1003+1003}$, obtemos:

a) um inteiro e cinco décimos
b) dois terços
c) dois inteiros e um terço
d) três inteiros e um meio
e) seis meios

07. (CMBH/04) O resultado da expressão numérica abaixo é:

$$3^2 + 3 \times [2 + 0{,}3333...... - (0{,}3 \times 2{,}1 + 1)] : 0{,}01$$

a) múltiplo de 11
b) divisor de 56
c) ímpar
d) múltiplo de 42
e) divisor de 14

08. (CMSM/06) A melhor maneira de compararmos frações é transformá-las em números decimais e comparar as casas decimais. Transforme as frações $\dfrac{4}{7}$ e $\dfrac{5}{9}$ em números decimais e identifique a alternativa abaixo que apresenta a afirmativa errada:

a) $\dfrac{5}{9}$ é maior do que $\dfrac{4}{7}$

b) $\dfrac{4}{7}$ vale aproximadamente 0,571428............

c) $\dfrac{5}{9}$ vale aproximadamente 0,55555............

d) 0,57 é maior do que 0,55

e) $\dfrac{5}{9}$ e $\dfrac{4}{7}$ são maiores do que $\dfrac{1}{2}$

09. (CMPA/07) O resultado da expressão

$$\left(0,999.... + \frac{\frac{3}{5} - \frac{1}{15}}{\frac{1}{3} + \frac{1}{5}}\right) x \frac{5}{90}$$

é uma fração irredutível. Sendo assim, a soma do numerador com o dobro do denominador é igual a:

a) 19
b) 20
c) 21
d) 22
e) 23

10. (CMCG/06) Qual das frações abaixo representa um número decimal exato?

a) $\frac{16}{3}$

b) $\frac{450}{91}$

c) $\frac{4}{9}$

d) $\frac{217}{5}$

e) $\frac{467}{7}$

Capítulo 11

Potenciação

Denominamos potência de um número a um produto cujos fatores são todos iguais a esse número.

Exemplo: 3 x 3 x 3 x 3 = 3^4 = 81, onde a base é o fator que se repete, o expoente ou grau é o número de fatores repetidos e a potência é o produto.

⇨ **Leituras:** 2^4

1°) Dois elevado à quarta potência;
2°) Dois à quarta;
3°) A quarta potência de dois.

Nota: Os expoentes sendo 2 ou 3 possuem, também, outra leitura, respectivamente, quadrado e cubo.

Observação: As potências de 10 são formadas por numerais com uma unidade seguida de tantos zeros quantos são as unidades do seu expoente:

Exemplo 1: 10^5 = 100.000
Exemplo 2: 10^4 = 10.000

Expoente Igual a um (1)

Qualquer número elevado a um é igual a ele mesmo.
   Exemplo 1: $7^1 = 7$
   Exemplo 2: $-23^1 = -23$
   Exemplo 3: $0^1 = 0$
   Exemplo 4: $a^1 = a$

Expoente Igual a Zero (0)

Qualquer número positivo elevado a zero é igual a 1(um).

   Exemplo 1: $5^0 = 1$
   Exemplo 2: $1^0 = 1$
   Exemplo 3: $a^0 = 1$ (sendo a > 0)

Nota: $(-5)^0 = 1$, mas $-5^0 = -1$ (menos cinco elevado a zero).

Observação: 0^0 (zero elevado a zero) não possui definição.

Expoente Negativo

Invertemos esse número elevando-se ao mesmo expoente, porém positivo.

   Exemplo 1: $3^{-2} = \left(\dfrac{1}{3}\right)^2 = \dfrac{1}{3^2}$

   Exemplo 2: $\left(\dfrac{2}{5}\right)^{-3} = \left(\dfrac{5}{2}\right)^3$

   Exemplo 3: $5^{-3^2} = 5^{-9} = \dfrac{1}{5^9}$

   Exemplo 4: $\left(5^{-3}\right)^2 = 5^{-6} = \dfrac{1}{5^6}$

Operações

1º) Adição:

A adição de potências de mesma base e mesmo expoente se realiza repetindo a potência, multiplicado pela quantidade de parcelas.

Exemplo 1: $3^2 + 3^2 + 3^2 + 3^2 = 3^2 \times 4 = 9 \times 4 = 36$
Exemplo 2: $2^4 + 2^4 + 2^4 = 2^4 \times 3 = 16 \times 3 = 48$

2º) Produto:

O produto de potências de mesma base é também uma potência de base igual cujo expoente é a soma dos expoentes dos fatores.

Exemplo 1: $5^4 \times 5^3 = 5^7$
Exemplo 2: $3^2 \times 3 \times 3^3 = 3^6$
Exemplo 3: $3^4 \times 3^{-2} = 3^2$

O produto de potências de mesmo expoente: conservamos o expoente e multiplicamos as bases.

Exemplo 1: $2^5 \times 3^5 = (2 \times 3)^5 = 6^5$
Exemplo 2: $7^8 \times 3^8 \times 2^8 = (7 \times 3 \times 2)^8 = 42^8$

3º) Divisão:

A divisão (o quociente) de duas potências de mesma base é outra potência de base igual que tem por expoente a diferença entre os expoentes do dividendo e do divisor.

Exemplo 1: $\dfrac{7^5}{7^3} = 7^{5-3} = 7^2$

Exemplo 2: $4^3 : 4 = 4^{3-1} = 4^2$

Exemplo 3: $5^2 : 5^{-1} = 5^{2-(-1)} = 5^{2+1} = 5^3$

A divisão de duas potências de mesmo expoente: conservamos o expoente e dividimos as bases.

Exemplo 1: $\dfrac{6^5}{3^5} = (6 : 3)^5 = 2^5 = 32$

Exemplo 2: $8^3 : 4^3 : 2^3 = (8 : 4 : 2)^3 = (2 : 2)^3 = 1^3 = 1$

4º) Potência de potência:

A potência de uma potência é ainda uma potência de base igual cujo expoente é o produto dos expoentes.
Exemplo 1: $(5^4)^5 = 5^4 \times 5^4 \times 5^4 \times 5^4 \times 5^4 = 5^{4 \times 5} = 5^{20}$
Exemplo 2: $(2^2)^3 = 2^2 \times 2^2 \times 2^2 = 2^{2 \times 3} = 2^6$

Observações:

1) Não confunda $(2^2)^3$ com 2^{2^3}, pois $2^{2^3} = 2^{2 \times 2 \times 2} = 2^8$.

2) Não erre $5^{3^{2^3}} = 5^{3^{2^3}} = 5^{3^{2 \times 2 \times 2}} = 5^{3^8} = 5^{3 \times 3 \times 3 \times 3 \times 3 \times 3 \times 3 \times 3} = 5^{6561}$

Cuidados Especiais

⇨ $\left(\dfrac{3}{5}\right)^2 = \dfrac{9}{25} \neq \dfrac{3^2}{5} = \dfrac{9}{5}$

⇨ $(2^2 + 3^2)^3 = (4+9)^3 = 13^3 = 2197 \neq (2^2 \times 3^2)^3 = 2^{2 \times 3} \times 3^{2 \times 3} = 2^6 \times 3^6 = (2 \times 3)^6 = 6^6 = 46656$

⇨ $(0,3)^4 = 0,3 \times 0,3 \times 0,3 \times 0,3 = 0,0081 \neq 0,(3)^2 = 0,333.... \times 0,333.... = \left(\dfrac{3}{9}\right)^2 = \left(\dfrac{1}{3}\right)^2 = \dfrac{1}{9}$ ou 0,111....

⇨ Qualquer número negativo ou positivo elevado a um expoente par terá como resultado um número positivo. Caso o expoente seja ímpar o sinal permanece.
Exemplo 1: $(-2)^4 = 16$, porém $-2^4 = -16$, no entanto $-(-2)^4 = -16$
Exemplo 2: $(-2)^3 = -8$ que é igual a $-2^3 = -8$, porém $-(-2)^3 = 8$

⇨ Em uma potência de um número decimal exato, o número e casas decimais é dado pelo produto do expoente pela quantidade de casas decimais do número.
Exemplo 1: $(0,2)^3 = 0,008$ (3 x 1 = 3 casas decimais)
Exemplo 2: $(0,11)^2 = 0,0121$ (2 x 2 = 4 casas decimais)

⇨ Toda potência de um é igual a 1.

⇨ Excetuando 0^0, toda potência de zero é igual a zero.

Questões dos Colégios Militares

01. (CMRJ/94) Efetuando a expressão abaixo obtemos:

$$\left[\left(1\frac{3}{5}-\frac{4}{3}\right) \div \left(\frac{7}{5}-0{,}333...\right)\right]^2$$

a) 4/25
b) 1/4
c) 4
d) 1/16
e) 20

02. (CMRJ/94) O número de divisores do resultado da expressão

$$\frac{\left(2^4 \times 3^2\right)^3 x 5^4}{\left(2^2 \times 3 \times 5^2\right)^2} \div \frac{\left(2^4 \times 3^2\right)^4}{2^{10} \times 3^6} \text{ é:}$$

a) 2
b) 5
c) 6
d) 9
e) 12

03. (CMRJ/96) São dadas cinco afirmações, cada uma delas associada a um número natural, colocado entre parênteses, antes da mesma. Classifique cada afirmação em verdadeira(V) ou falsa(F) e, em seguida, determine o que se pede:

(8)   → ( ) $\emptyset \in \{0, 1, 2, 3\}$
(12) → ( ) $(0{,}222....)^2 = 0{,}444.....$
(18) → ( ) O conjunto A = {0, 1, 2, 3, 4, 5, 6, 7, 8, 9} possui 1.024 subconjuntos.
(24) → ( ) O produto P = 8x9x25x49 possui 108 divisores naturais.
(36) → ( ) $216^{12} = 36^{18}$

A soma dos números naturais associados às questões verdadeiras é:

a) 20
b) 38
c) 60

d) 68
e) 78

04. (CMRJ/97) O resultado de $9^5 + 9^5 + 9^5 + 9^5 + 9^5 + 9^5 + 9^5 + 9^5 + 9^5$ é:

a) 81^{45}
b) 9^6
c) 9^{45}
d) 81^5
e) 405

05. (CMRJ/98) O valor da expressão abaixo é:

$$\frac{2^7 + 2^7 + 2^7 + 2^7 + 2^7 + 2^7}{4^3 + 4^3 + 4^3 + 4^3}$$

a) 3
b) 3/2
c) 12
d) 3/4
e) 4

06. (CMRJ/02) O valor simplificado da expressão abaixo é:

$$\frac{1,727272....x2\frac{3}{4} - (0,5)^2}{1\frac{1}{25} \div (1 - 0,1333...)}$$

a) $4\frac{1}{6}$

b) $3\frac{3}{4}$

c) $3\frac{79}{132}$

d) $1\frac{7}{8}$

e) $\frac{5}{24}$

07. (CMRJ/03) Simplificando a expressão $\dfrac{6 \times 12 \times 18 \times 24 \times 30 \times 36 \times 42 \times 48 \times 54}{10 \times 16 \times 12 \times 2 \times 14 \times 6 \times 18 \times 8 \times 4}$, obtém-se:

a) $\dfrac{3}{2}$

b) $\dfrac{27}{2}$

c) 2^6

d) 6^3

e) 3^9

08. (CMRJ/03) Uma professora da 5ª série do CMRJ colocou em uma prova as três expressões numéricas abaixo indicadas:

$A: (1,44 : 0,3 - 0,2 : 0,5) \times 1,06$

$B: 10^2 : 5^2 + 5^0 \times 2^3 - 1^6$

$C: \dfrac{\dfrac{1}{3} + 1,5 - 0,1}{0,25 + \dfrac{2}{3} - 0,05}$

Os resultados apresentados por Mariana foram: A = 4,664; B = 11 e C = 2.

Assim, podemos dizer que Mariana:

a) acertou somente uma expressão
b) acertou somente as expressões A e B
c) acertou somente as expressões B e C
d) acertou todas as expressões
e) errou todas as expressões

09. (CMRJ/08) Um aluno do 6º ano do Colégio Militar, ao efetuar a operação $10^{50} - 2008$, percebeu que, no resultado, o algarismo 9 apareceu:

a) 39 vezes
b) 40 vezes

c) 47 vezes
d) 48 vezes
e) 49 vezes

10. (CMB/03) A expressão $\left(\dfrac{3}{5}\right)^0 + \dfrac{3^0}{5} + \dfrac{3}{5^0} + 3,5$ é igual a:

a) 6,5
b) 7,5
c) 8,1
d) 5,3
e) 7,7

11. (CMB/03) Maria teve duas filhas. Cada uma das filhas de Maria teve duas filhas. Cada uma das netas de Maria também teve duas filhas e, finalmente, cada uma das bisnetas de Maria lhe deu duas tataranetas. Quantas tataranetas teve Maria?

a) 16
b) 64
c) 32
d) 10
e) 8

12. (CMB/04) Sabendo que $k = \left\{\left[\left(\dfrac{12}{12}\right)^2 + \dfrac{5}{12}\right] - \left[\dfrac{13}{36} - \left(\dfrac{1}{2} - \dfrac{1}{3}\right)\right]\right\} + \dfrac{1}{12}$, pode-se afirmar que k é:

a) um número pertencente aos naturais;
b) um número que não pertence aos racionais;
c) um número inteiro maior que 1;
d) um número fracionário menor que 1;
e) um número fracionário maior que 1.

13. (CMB/04) O valor da expressão $15^2 - \left(\dfrac{15+15}{15}\right)^0 + \left(\dfrac{2 \times 1500 + 15}{15}\right)$ é:

a) 245
b) 246
c) 425
d) 411
e) 441

14. (CMB/05) Com relação à potenciação de números naturais, é correto afirmar que:

a) todo número natural diferente de zero, quando elevado ao expoente zero é igual a 1;
b) todo número natural elevado ao expoente 1 é igual a 1;
c) em 2^{100}, 100 é a base e 2 o expoente;
d) está correto que $2^3 = 6$;
e) é falso que $3^2 = 9$.

15. (CMB/06) Determine o valor da expressão $1 - 1 : 1 + \dfrac{1}{1} \times 1^{11}$:

a) zero
b) 1
c) 2
d) 11
e) 12

16. (CMB/07) Ao resolvermos a expressão numérica $4 \times \{16 + [8 : (2^4 - 2^3) + 1^8 \times 3]\} : (3 \times 5 - 5)^1$, encontramos um valor k, sendo k um número natural. Podemos dizer que o sucessor do triplo de k é:

a) um número primo;
b) um número par;
c) o consecutivo do número natural 24;
d) um número natural múltiplo de 10;
e) o sucessor do número natural 26.

17. (CMBH/03) Considere as afirmativas abaixo, relacionadas aos conjuntos numéricos:

I- $(0,3)^2 + (0,4)^2 = (0,5)^2$

II- $\dfrac{8}{100} = (0,2)^3$

III- $(0,1)^3 = 0,0001$

IV- $(0,12)^2 = 0,144$

Podemos afirmar que:

a) I e II são verdadeiras
b) II e IV são verdadeiras

c) somente II é verdadeira
d) I, II e IV são verdadeiras
e) todas são verdadeiras

18. (CMBH/03) O resultado da expressão numérica $67 + \{50 \times [70 : (3^3 + 2^3) + (6 : 2)^2] + 21\}$ deve ser representado, em algarismos romanos, por:

a) DCCCXLVII
b) CCXXVIII
c) DCXLI
d) CDXXIV
e) DCXXXVIII

19. (CMBH/03) A metade do número $3^{14} - 27^4$ é igual a:

a) $2^2 \times 3^{12}$
b) $3^{12} \times 27^2$
c) $3^7 - 27^2$
d) $2^4 \times 3^{14}$
e) $3^{12} \times 27^2$

20. (CMBH/03) A idade de Mariana, em outubro de 1995, correspondia ao inverso do resultado da expressão:

$$\left\{\left(\frac{2}{3}\right)^2 + \left[\frac{1}{3} - \left(\frac{1}{2} - \frac{1}{3}\right)^2\right] - \frac{5}{12}\right\} - \left(\frac{1}{3} - \frac{1}{4}\right)$$

Então, a idade de Mariana, em outubro de 2002, era:

a) 9 anos
b) 10 anos
c) 11 anos
d) 12 anos
e) 14 anos

21. (CMBH/04) O resultado da expressão numérica abaixo é um número:

$$3^2 + 3 \times [2 + 0,333...... - (0,3 \times 2,1 + 1)] : 0,01$$

a) múltiplo de 11
b) divisor de 56
c) ímpar

d) múltiplo de 42
e) divisor de 14

22. (CMBH/05) O valor da expressão numérica

$$\frac{\left(7+\dfrac{1}{2}\right)\div\left(2-\dfrac{1}{3}\right)+\dfrac{1}{4}}{\dfrac{1}{4}x\left(5-\dfrac{7}{2}\right)+\dfrac{15}{7}},$$

multiplicado pelo inverso do valor de $\left(\dfrac{111}{23}-4\right)\div\dfrac{141}{23}$, tem como resultado um número natural que, elevado à quarta potência, é igual a:

a) 38.416
b) 285.376
c) 2.744
d) 56
e) 1.320

23. (CMBH/05) A professora de Matemática da 4ª série deu o seguinte exercício para seus alunos:

"Resolva a expressão

$$\frac{\left[\left(\dfrac{1}{8}+0,4\right):\left(\dfrac{1}{5}+0,2-\dfrac{3}{15}\right)\right]:(1,5)^3}{4,684+2,316-\dfrac{5+0,1}{\dfrac{56}{18}x\dfrac{36}{64}:\dfrac{35}{16}}}$$

e dê o resultado na forma irredutível."

Depois da correção, percebeu que, curiosamente, a diferença entre os termos da fração (resultado da expressão), representava a quantidade de alunos que responderam incorretamente a questão. Se 78% dos alunos conseguiram encontrar o resultado correto da expressão, a quantidade de alunos dessa turma é igual a:

a) 50
b) 45
c) 44

d) 22
e) 11

24. (CMBH/05) A expressão abaixo foi escrita em algarismos romanos:

$$CC : \{ II . [(XLIX - MCDXCVI : XXXIV)^{II} - V] - XXX \}^{II}$$

O valor da expressão é:

a) II
b) III
c) VII
d) XII
e) XL

25. (CMBH/05) Considere as igualdades:

I) $\left[3^4 x \left(\dfrac{1}{3} \right)^2 \right]^5 = 59049$

II) $\left(\dfrac{4}{3} \right)^2 \div \left(\dfrac{3}{4} \right)^2 = 1$

III) $(0,001)^2 \times 10^5 = 0,1$

IV) $\left(\dfrac{0,01}{0,2} \right) \div \left(\dfrac{0,2}{0,01} \right) = 1$

São falsas:

a) II e IV
b) I, II e III
c) III e IV
d) II e III
e) I e IV

26. (CMBH/06) O resultado da expressão numérica abaixo é um número:

$$\dfrac{\dfrac{1}{3}x\left(\dfrac{4}{5}+\dfrac{2}{10}\right)-\dfrac{\left(\dfrac{1}{2}\right)^2}{\left(\dfrac{6}{4}-\dfrac{1}{2}\right)^2}}{\left(\dfrac{3}{2}+\dfrac{2}{3}\right)x\left(1-\dfrac{7}{13}\right)+\left(\dfrac{5}{4}-\dfrac{1}{3}\right)}$$

a) natural
b) primo
c) menor do que 1
d) ímpar
e) maior do que 1/2

27. (CMBH/07) a fração $\dfrac{2^{30}}{8}$ é igual a:

a) 2^{10}
b) 8^9
c) 4^9
d) 2^{26}
e) 8^{18}

28. (CMS/07) Um exercício que o professor Genivásio passou como tarefa consiste em escolher um número decimal e elevá-lo ao quadrado. eleva-se o resultado ao quadrado. E assim por diante até que o número tenha oito casas decimais ou mais. Lina escolheu 0,9. A soma dos algarismos do número que encontrou é:

a) 18
b) 21
c) 14
d) 26
e) 27

29. (CMSM/06) Enquanto a multiplicação é uma soma de parcelas iguais (3 + 3 + 3 + 3 + 3 = 5 x 3 = 15), podemos definir a potência como um produto de fatores iguais (3 x 3 x 3 x 3 x 3 = 3^5 = 243). Aplique o conceito de potência nas afirmativas abaixo e identifique a única alternativa verdadeira:

a) $3^3 = 9$
b) $1^{10} = 10$

c) $2^5 = 32$
d) $5^3 = 75$
e) $4^3 = 48$

30. (CMR/03) O valor da expressão numérica $\dfrac{3}{10} - \left(0,1 + 2,5 : 1\dfrac{2}{3}\right) x \dfrac{1}{2^4}$ é:

a) $\dfrac{2}{3}$

b) $\dfrac{1}{5}$

c) $\dfrac{5}{3}$

d) $\dfrac{1}{2}$

e) $\dfrac{2}{5}$

31. (CMPA/02) Quanto às operações com números naturais e suas propriedades, podemos afirmar que:

a) o produto é o resultado da operação de adição;
b) o elemento neutro da multiplicação é o número zero;
c) na subtração, aumentando o minuendo e o subtraendo de 5 unidades, o resto fica o mesmo;
d) quatro dividido por zero é igual a zero;
e) a potência de expoente zero, de um número diferente de zero, é igual a zero.

32. (CMF/05) A expressão abaixo é igual a:

$$\left(1 + \dfrac{1}{2}\right)^2 : \dfrac{3}{4} - \dfrac{2}{3} x \left(1 - \dfrac{1}{4}\right)$$

a) 0,5
b) 2,5
c) 2
d) 1
e) 3,2

33. (CMCG/07) $(0,01)^3$ é igual a:

a) 1
b) 0,00001

c) 0,000001
d) 0,0000001
e) 0,00000001

34. (CMM/02) A expressão A = 5^5 é o mesmo que:

a) A = 5 x 5
b) A = 5 x 5 x 5 x 5 x 5
c) A = 5 + 5 + 5 + 5 + 5
d) A = 55

35. (CMM/04) Paulo disse ao seu colega que a idade de seu avô é o quadrado de 2.[10^3 : $5^2 - (7^2 - 3^2)$: 10] 9 por 6^2 : {2 . 6^2 : [2^4 : ($4^2 - 2^3$)] }. Então, o avô de Paulo tem:

a) 49 anos
b) 64 anos
c) 72 anos
d) 81 anos
e) 100 anos

36. (CMM/05) A idade do professor Morgado é dada através do valor da expressão: { 6^2 + 2. [2^3 + 2. (3^2. 1^3)] – 2^5 } : 5^0.

Então a idade do professor Morgado é:

a) 56 anos
b) 46 anos
c) 36 anos
d) 26 anos
e) 16 anos

37. (CMJF/05)

| 1 bilhão é a população global de suínos |

A potência que representa a população global de suínos é:

a) $1^{1.000.000.000}$
b) $1.000.000.000^0$
c) 10^6
d) $1.000.000.000^1$

Capítulo 12

Porcentagem ou Percentagem

É uma fração na qual o denominador é 100 (cem), ou seja, $P\% = \dfrac{P}{100}$.

Porcentagem de um Número em Relação a Outro

Sendo a ≤ b, podemos encontrar a fração $\dfrac{a}{b}$.

Exemplo: Qual a porcentagem do nº 12 em relação a 20?

P= ? $\quad\quad$ P= $\dfrac{12}{20}$ ⇒ P= 0,6 $\xrightarrow{x100}$ P= 60%
A= 12
B= 20

Taxa Unitária ≠ Taxa Percentual

⇨ **Taxa Unitária:** é um número real.

⇨ **Taxa Percentual:** Pode ser centesimal (%) ou milesimal (%º).
Exemplo 1: Transformar a taxa percentual 20% em taxa unitária:

Resposta: 20% ⇨ $\dfrac{20}{100}$ ⇨ $\dfrac{1}{5}$

Exemplo 2: Transformar a taxa unitária $\frac{3}{5}$ em taxa percentual:

Resposta: $\frac{3}{5}$ ⇨ $\frac{3}{5}$ x 100 ⇨ 60%

Aumento Percentual

Para calcular um aumento percentual i sobre o número A obtemos N como valor final, sendo i uma taxa unitária.

Exemplo: N = A x (1 + i)

A = 20
I = 30% = 0,3
N = ?

N = 20 x (1 + 0,3) ⇨ N = 26

Desconto Percentual

Para calcular um desconto percentual i sobre o número A obtemos N como valor final, sendo i uma taxa unitária.

Exemplo: N = A x (1 – i)

A = 20
I = 30% = 0,3
N = ?

N = 20 x (1 – 0,3) ⇨ N = 14

Aumentos Sucessivos

Considere i_1, i_2, i_3, ... os aumentos percentuais sucessivos sobre o número A, então teremos:

$$N = A \times (1+i_1) \times (1+i_2) \times (1+i_3) \times \ldots$$

Exemplo: O preço de uma mercadoria é R$ 20,00. Após dois aumentos sucessivos de 10% e 20%, qual será o novo valor?

Resposta:
$I_1 = 10\% = 0,1$
$I_2 = 20\% = 0,2$
$N = ?$

$N = 20 \times (1 + 0,1) \times (1 + 0,2) \Rightarrow N = 26,4$

Observação: Repare que um aumento de 10%, depois outro de 20%, no final, o aumento percentual total **não** corresponderá à soma de 10% com 20%, ou seja, 30%.

Descontos Sucessivos

Considere $i_1, i_2, i_3, \ldots\ldots$ os descontos percentuais sucessivos sobre o número A, então teremos:

$$N = A \times (1 - i_1) \times (1 - i_2) \times (1 - i_3) \times \ldots$$

Exemplo: O preço de uma mercadoria é R$ 20,00. Após dois descontos sucessivos de 10% e 20%, qual será o novo valor?

Resposta:
$I_1 = 10\% = 0,1$
$I_2 = 20\% = 0,2$
$N = ?$

$N = 20 \times (1 - 0,1) \times (1 - 0,2) \Rightarrow N = 14,4$

Observação: Repare que um desconto de 10%, depois outro de 20%, no final, o desconto percentual total **não** corresponderá à soma de 10% com 20%, ou seja, 30%.

FATOR $\Rightarrow$ $(1 \pm i)$

ATENÇÃO! Dois aumentos sucessivos de 10% sobre um número, por exemplo: 20, é diferente de 10% de 10% de 20.

No primeiro, a resposta é: 1,1 x 1,1 x 20, ou seja ⇨ 24,2.
No segundo a resposta é: 0,1 x 0,1 x 20, ou seja ⇨ 0,2.

Questões dos Colégios Militares

01. (CMRJ/02) Em um concurso público com 1500 candidatos, 60% são homens e 40% são mulheres. Desses candidatos, já estão empregados 80% dos homens e 30% das mulheres. Sabe-se que foram aprovados no concurso 2/15 dos homens desempregados, 1/45 dos homens empregados, 3/70 das mulheres desempregadas e 5/36 das mulheres empregadas. Quantas pessoas foram aprovadas no concurso?

a) 143
b) 83
c) 75
d) 66
e) 50

02. (CMRJ/03) Marcos é vendedor de uma loja que vende eletrodomésticos; ele ganha 7% de comissão sobre o valor de suas vendas. Em uma promoção, a loja dava 15% de desconto para pagamentos à vista. Rodrigo aproveitou essa promoção e comprou, com Marcos, um televisor, pagando R$ 1.198,50. Quanto Marcos receberia de comissão se essa venda houvesse sido feita fora da promoção?

a) R$ 98,70
b) R$ 98,00
c) R$ 95,20
d) R$ 90,00
e) R$ 83,89

03. (CMRJ/04) Tia Carla sugere a seguinte receita para o preparo de um café especial:

Ingredientes:

⇨ 50 g de chocolate amargo;
⇨ 150 g de creme;
⇨ 30 g de pó de café solúvel;
⇨ 4 g de canela em pó;
⇨ 22 g de açúcar;
⇨ 600 ml de água quente, numa temperatura entre 60°C e 80°C.

Modo de fazer:
Aqueça o creme de leite, sem deixar ferver; junte o chocolate e misture, até dissolver por completo. Retire do fogo, adicione o pó de café, a canela, o açúcar e a água quente. Misture vigorosamente, até ficar espumante e homogêneo. Sirva imediatamente.

Com base nas informações acima e considerando que 1 litro de água, nas condições indicadas, tenha massa de 1 quilograma, podemos afirmar que 25% da massa do café especial de Tia Carla corresponde a:

a) 64 g
b) 214 g
c) 256 g
d) 600 g
e) 856 g

04. (CMRJ/05) Em setembro, um comerciante colocou o seguinte cartaz em sua loja:

"Em outubro, todos os produtos com 30% de desconto."

Porém, ao abrir a loja no dia primeiro de outubro, esse comerciante havia remarcado os preços de todos os seus produtos, aumentando-os em 40%.

Pode-se, então, afirmar que, no mês de outubro, o preço de uma mercadoria qualquer estava, em relação ao preço de setembro:

a) 2% mais barato
b) 10% mais barato
c) 12% mais barato
d) 8% mais caro
e) 10% mais caro

05. (CMRJ/05) O Sr. Edvaldo é dono de uma loja de revelações fotográficas. Em sua loja, são reveladas fotos no formato 10 x 15 (10 cm de largura e 15 cm de comprimento). Em novembro, Sr. Edvaldo fará a promoção "50% maior":

> Revele suas fotos 10 x 15 em 1 hora e ganhe uma ampliação.
> Escolha uma foto para ser revelada em formato 13 x 18.
> Foto 50% maior para o freguês amigo!

Um aluno do CMRJ, ao ver tal anúncio, decidiu verificar se a ampliação, de fato, correspondia a um percentual de 50% em relação à área do formato original. Ao terminar os cálculos, comparando as áreas das fotos, o aluno concluiu que:

a) O aumento percentual é, na verdade, de 56%.
b) A ampliação é, exatamente, 50% maior que o formato original.
c) O aumento percentual é inferior a 50%.
d) O aumento percentual é de 156%.
e) A foto, em seu formato original, corresponde a 66% do seu formato ampliado.

06. (CMRJ/05) De acordo com a matéria "Adultos transviados" (Revista do DETRAN-RJ, Ano I, Nº 02 / 2005), no ano de 2004, foram aplicadas 2,2 milhões de multas de trânsito no nosso estado, a motoristas na faixa etária dos 40 aos 49 anos, homens e mulheres. Sete tipos de infrações foram campeãs de ocorrência, com 35% do total; dessas, 75% foram praticadas por homens. Se cada uma dessas últimas infrações fosse punida com multa de R$ 125,00, além da perda de pontos na respectiva Carteira Nacional de Habilitação, qual a quantia total que os motoristas homens recolheriam para os cofres estaduais, se todos pagassem suas multas? (Os dados numéricos foram arredondados).

a) R$ 7.218.750.000,00
b) R$ 721.875.000,00
c) R$ 72.187.500,00
d) R$ 7.218.750,00
e) R$ 721.875,00

07. (CMRJ/06) Depois de capturado, Barba Negra foi julgado, condenado a 280 meses de prisão e enviado para o presídio Nunca Mais. Essa pena deveria ser cumprida da seguinte maneira: os 20% iniciais desse tempo, trabalhando no pântano; depois $\frac{1}{4}$ do tempo restante, quebrando pedras; em seguida, 0,25 do tempo que restasse, alimentando os jacarés; e, finalmente, o resto do tempo na solitária. Quantos meses o pirata Barba Negra ficou na solitária?

a) 224
b) 168
c) 126
d) 56
e) 42

08. (CMRJ/06) Durante a batalha, capitão Strong conseguiu capturar o pirata Fix. Avisado, o rei mandou que o interrogassem, pois queria saber quantos homens de Barba Negra ainda estavam vivos. Foi dito ao prisioneiro que, se ele falasse a verdade, sua vida seria poupada. Querendo manter-se vivo e, ao mesmo tempo, não trair Barba Negra, Fix respondeu da seguinte forma: "Antes da batalha, a tripulação de Barba Negra era de 100 pessoas, das quais 99% eram homens. Agora, o número de homens vivos é igual ao número de homens que devem ser retirados do total de homens da tripulação para que o restante de homens represente 98% da nova composição da tripulação, que continua não sendo só masculina." Quantos homens de Barba Negra ficaram vivos?

a) 1
b) 25
c) 40
d) 48
e) 50

09. (CMRJ/06) Era uma vez a Cidade de Ouro, a mais bela de todas as cidades. Sua população era pacífica, culta e todos gostavam de Matemática. Do total da população, 30% eram jovens, 70% eram homens e 20% das mulheres eram jovens. Sendo assim, qual o percentual de homens que eram jovens na Cidade de Ouro?

a) 6
b) 20
c) 24
d) 26
e) 30

10. (CMRJ/07) Enquanto isso, de longe, Morg, o Rei Kiroz e o seu exército aguardavam o desfecho da situação. Morg, finalmente, rompeu o silêncio da ocasião e perguntou ao Rei: "Por que os matemágicos e os bruxomáticos são inimigos?" "Tudo começou há muito, muito tempo atrás", respondeu o Rei, que continuou. "Assim que eles descobriram os números, começaram a desenvolver a Matemática que conhecemos hoje. Em um dado momento, bem no início desses trabalhos, Merlim criou uma expressão e disse que quem a resolvesse primeiro seria o ganhador de uma linda pena de cristal, a qual tinha o poder de escrever em qualquer idioma, bastava a pessoa pensar e as palavras sairiam escritas corretamente. Porém, os representantes de cada grupo terminaram ao mesmo tempo, o que ocasionou uma discussão que, por fim, levou a uma raiva, sem o menor motivo. O tempo foi passando e nem Merlim conseguiu resolver esse mal-entendido". "Minha nossa!" disse Morg, espantado com o que ouviu.

Sabendo-se que a expressão abaixo é a mesma que levou ao conflito entre os bruxomáticos e os matemágicos, determine a resposta correta eu eles acharam ao resolvê-la.

$$0,04 \div 1,25x10^a - \left(5 + \dfrac{14}{\frac{7}{12}} + 1\dfrac{11}{15} x2 \dfrac{4}{13} - 450x0,01333...\right), \text{ onde } a = 100 \times (20\% \text{ de } 20\%)$$

a) 293
b) 291
c) 287
d) 273
e) 245

11. (CMRJ/07) O tempo passou e, em paz, os reinos prosperaram. O Rei Kiroz, que havia envelhecido, organizou um torneio cujo vencedor seria o novo Rei e, além disso, poderia se casar com sua filha, a linda princesa Stella. Muitos jovens, príncipes ou não, apareceram para a disputa da coroa e da mão da princesa. Na primeira prova do torneio, 3/16 dos jovens candidatos a Rei foram eliminados. Qual das alternativas abaixo expressa a quantidade de jovens que passaram para a segunda prova do torneio?

a) 18,25 %
b) 18,75 %
c) 43,66 %
d) 81,25 %
e) 81,75 %

12. (CMRJ/08) O tanque do carro de Sérgio, com capacidade de 60 litros, contém uma mistura de 20% de álcool e 80% de gasolina ocupando metade de sua capacidade. Sérgio pediu para colocar álcool no tanque até que a mistura ficasse com quantidades iguais de álcool e gasolina. Quantos litros de álcool devem ser colocados?

a) 9
b) 12
c) 15
d) 16
e) 18

13. (CMRJ/08) Uma pessoa comprou um automóvel para pagamento a vista, obtendo um desconto de 10%. Ele pagou com 37.620 moedas de cinquenta centavos. O preço do automóvel, sem o desconto, era:

a) R$ 20.900,00

b) R$ 20.950,00
c) R$ 21.900,00
d) R$ 22.000,00
e) R$ 25.000,00

14. (CMRJ/08) As películas de *insulfilm* são utilizadas em janelas de residências e vidros de veículos para reduzir a radiação solar. As películas são classificadas de acordo com seu grau de transparência, ou seja, com o percentual da radiação solar que ela deixa passar. Colocando-se uma película de 50% de transparência sobre um vidro com 90% de transparência, obtém-se uma redução de radiação solar igual a:

a) 40%
b) 45%
c) 50%
d) 55%
e) 60%

15. (CMRJ/08) A massa de gordura de uma certa pessoa corresponde a 20% de sua massa total. Essa pessoa, pesando 125 kg, fez uma dieta e perdeu 60% de sua gordura, mantendo os demais índices. Quantos quilogramas ela pesava ao final do regime?

a) 95
b) 100
c) 105
d) 110
e) 115

16. (CMB/03) Em uma eleição, 6.500 pessoas votaram. O candidato que venceu recebeu 55% do total dos votos. O outro candidato recebeu 60% da quantidade dos votos do candidato que venceu. Os demais foram votos brancos ou nulos. Quantos votos brancos ou nulos existiram nessa eleição?

a) 2.145 votos
b) 3.575 votos
c) 880 votos
d) 680 votos
e) 780 votos

17. (CMB/04) O Lago Corumbá IV, a cerca de 100 km de Brasília, terá volume de 3,7 bilhões de metros cúbicos e capacidade para abastecer 35 milhões de pessoas. Para formá-lo está sendo construída uma barragem de 70 metros de altura, que já conta com mais de 85 por cento das obras prontas.

As expressões sublinhadas no texto acima podem ser expressas, respectivamente, por:

a) 37×10^{11} m^3; $3,5 \times 10^{10}$; 0,85%
b) $3,7 \times 10^9$ m^3; 35×10^6; 0,85
c) $3,7 \times 10^9$ m^3; 35×10^6; 0,85%
d) $3,7 \times 10^{12}$ m^3; 35×10^9; 0,85
e) 37×10^8 m^3; 35×10^6; 0,85%

18. (CMB/05) O professor André trabalha 150 horas por mês e ganha R$ 20,00 por hora trabalhada. No mês que vem, ele vai ter um aumento de 25% sobre o valor da hora trabalhada. Quanto o professor André vai passar a receber em um ano de trabalho com o seu novo salário?

a) R$ 54.000,00
b) R$ 45.000,00
c) R$ 36.000,00
d) R$ 9.000,00
e) R$ 3.750,00

19. (CMB/07) Em uma clínica médica, foram cobrados do Sr. Israel R$ 120,00 pelos procedimentos médicos mais 15% desse valor pelo material gasto. O Sr. Israel poderia pagar à vista ou faria um cheque para 15 dias. Se optasse pelo pagamento com cheque, deveria acrescentar 1,5% do que pagaria à vista. Por ter escolhido pagar em 15 dias, o Sr. Israel preencheu um cheque, em reais, no valor de:

a) 138,00
b) 140,07
c) 345,00
d) 1.380,00
e) 1.400,07

20. (CMBH/04) Em uma cidade do interior de Minas Gerais, o resultado da votação para prefeito foi a seguinte:

	% DE VOTOS
CANDIDATO 1	52%
CANDIDATO 2	38%
OUTROS CANDIDATOS	1%
VOTOS NULOS OU EM BRANCO	9%

O número total de votos nulos ou em brancos foi igual a 4.914. Então, a diferença de votos entre o candidato 1 e o candidato 2, e o número total de eleitores foram, respectivamente:

a) 7.644 votos e 28.932 eleitores
b) 9.863 votos e 54.600 eleitores
c) 7.644 votos e 54.000 eleitores
d) 5.460 votos e 76.440 eleitores
e) 7.644 votos e 54.600 eleitores

21. (CMBH/05) No jornal "O GRITO", 90% de seus funcionários ganhavam R$ 800,00 e, desse valor, foi descontado o percentual de 7,65%. Os outros 40 funcionários do jornal ganhavam entre R$ 1.334,08 e R$ 2.668,15 e, para esses, o desconto foi de 11%. Então, o total descontado de todos os funcionários que recebiam R$ 800,00 é igual a:

a) R$ 21.960,00
b) R$ 24.480,00
c) R$ 22.032,00
d) R$ 758,80
e) R$ 738,80

22. (CMBH/06) Pedrinho tinha R$ 10,00. Com muito esforço e dedicação, conseguiu aumentar em 7/2 seu dinheiro. Um dia, a pedido de sua mãe, deu 4/9 de suas economias para sua irmã. Do dinheiro que lhe restou, investiu 3/4 em uma caderneta de poupança e, depois de um mês, esse dinheiro investido aumentou em 12%. A quantia atual que Pedrinho possui é igual a:

a) R$ 40,00
b) R$ 27,25
c) R$ 25,25
d) R$ 35,15
e) R$ 42,00

23. (CMBH/06) Em uma escola de idiomas, 80 alunos cursam Inglês, 90 estudam Francês e 55 fazem Espanhol. Sabe-se que 32 alunos fazem Inglês e Francês, 23 cursam Inglês e Espanhol e 16 estudam Francês e Espanhol. Além disso, 38 alunos cursam somente outras línguas e 8 alunos cursam os três idiomas citados. A porcentagem de alunos dessa escola que não cursam Inglês, nem Francês, nem Espanhol é:

a) 19%
b) 21%

c) 24%
d) 25%
e) 27%

24. (CMBH/06) Todos os anos, a cidade de Porto Alegre, no Rio Grande do Sul, recebe turistas de todo o Brasil e do exterior. No ano de 2006, em julho, a cidade foi alvo do turismo nacional e internacional. De todos os turistas que estavam em Porto Alegre, 10% eram de outros países. Dos turistas brasileiros 3/8 eram da região Sudeste e 2/5 do Nordeste. Os turistas, vindos da região Norte do Brasil, representavam 1/4 dos turistas nordestinos e 1620 turistas eram do Centro-Oeste e da própria região Sul. Ao todo, a quantidade de turistas que estiveram em Porto Alegre, em julho, foi:

a) 10.530
b) 12.960
c) 13.100
d) 14.300
e) 14.400

25. (CMBH/07) João, Paula e André comeram pizza na casa da vovó. João comeu $\frac{1}{3}$ da pizza, Paula comeu $\left(\frac{1}{3}\right)^2$ e André, $\frac{3}{7}$. Podemos afirmar que:

a) Paula comeu mais que João;
b) André comeu menos pizza do que Paula;
c) João comeu 25% da pizza;
d) João comeu mais que André;
e) Os três, juntos, comeram mais da metade da pizza.

26. (CMBH/08) Em 1891, o pai de Alberto ficou muito doente após um acidente e pouco tempo antes de morrer, emancipou seus filhos e distribuiu a herança. No final do século XIX, ao mudar para França, Alberto tinha em sua conta bancária uma soma correspondente ao que hoje ficaria entre 4 e 5 milhões de dólares e muitas idéias, para lançar-se aos ares.

Considerando que a herança foi dividida em 8 partes iguais e que Alberto possuía 5 irmãs e 2 irmãos, identifique a alternativa que representa a parte que coube aos dois irmãos de Alberto Santos Dumont.

a) 25%
b) 12,5%
c) 33%
d) 75%
e) 50%

27. (CMS/02) O nosso planeta tem 1,4 bilhão de quilômetros cúbicos de água, sendo que apenas 2,5% dessa água é doce. Desse total de água doce do planeta, 12% está no Brasil, o que o torna o maior reservatório mundial. Dessa forma, o volume de água doce que o Brasil possui, em quilômetros cúbicos, é de:

a) 1.200.000
b) 3.500.000
c) 4.200.000
d) 1.680.000
e) 2.300.000

28. (CMS/03) De acordo com as pesquisas realizadas nas principais capitais brasileiras, os 28 milhões de brasileiros com idade entre 15 e 22 anos representam 16% da população total do Brasil.

De acordo com o texto acima, a população total do Brasil é de:

a) 87 milhões
b) 100 milhões
c) 125 milhões
d) 150 milhões
e) 175 milhões

29. (CMS/05) Na cantina do colégio 'SABE TUDO QUEM ESTUDA', o cachorro-quente no ano de 2001 custava R$ 1,00. Em 2002, sofreu um acréscimo de 20%. No ano seguinte, um novo reajuste de 25%, foi feito no preço do cachorro-quente. Em 2004 a cantina resolveu manter o mesmo preço do ano anterior. O preço cobrado na cantina do colégio 'SABE TUDO QUEM ESTUDA' para o cachorro-quente, no ano de 2004, é igual a:

a) R$ 1,20
b) R$ 1,45
c) R$ 1,50
d) R$ 1,25
e) R$ 1,35

30. (CMS/05) A loja "REI DO FORRÓ" comprou 300 CD`s do conjunto "Vaca Preta" por R$ 7.500,00. Sabendo que o dono da loja deseja obter 6% de lucro com a venda dos CD`s, por quanto deverá ser vendido cada CD?

a) R$ 25,00
b) R$ 28,00

c) R$ 25,50
d) R$ 27,50
e) R$ 26,50

31. (CMS/07) Na padaria "Pão Quente", Netinho comprou 6 pães que, juntos, pesaram 300g, por R$ 1,65. No dia seguinte, Sr. Manoel, dono da padaria, fez uma promoção do pão onde o pão estava com desconto de 20%. Se Netinho comprar 450g de pão, neste dia de promoção, ele pagará:

a) R$ 1,98
b) R$ 2,03
c) R$ 2,11
d) R$ 2,17
e) R$ 2,25

32. (CMSM/03) As atuais instalações do Colégio Militar de Santa Maria foram inauguradas no dia 15 de novembro de 1998, possuindo os laboratórios de Artes, de Biologia, de Física, de Informática, de Inglês, de Matemática e de Química e oferece aos alunos os clubes de Ciências, de Histogeo, de Inglês, de Matemática e de Orientação. Entre os 600 alunos matriculados, 138 alunos participaram ativamente dos referidos clubes no ano de 2002. Qual a porcentagem de alunos que participaram das atividades?

a) 4,41%
b) 32%
c) 25%
d) 15%
e) 23%

33. (CMSM/04) Dos 120 livros de Malba Tahan, os professores do CMSM de matemática possuem 18 livros. Determine a porcentagem de livros de Malba Tahan que os professores do CMSM possuem:

a) 18%
b) 12%
c) 9%
d) 20%
e) 15%

34. (CMSM/05) Na constituição do planeta Terra 70% corresponde a água e essa mesma porcentagem representa a quantidade de água presente em nosso organismo. Com

base nessa informação, quantos quilogramas de água possui uma criança cujo peso é de 34 kg?

a) 20 kg
b) 23,8 kg
c) 22,7 kg
d) 10,2 kg
e) 24 kg

35. (CMSM/07) No Pan 2007 o Brasil conquistou 54 medalhas de ouro, no ano de 2003 havia alcançado um total de 29 medalhas de ouro. O número de medalhas de ouro para o Brasil aumentou de 2003 para 2007 aproximadamente em:

a) 23%
b) 43%
c) 62%
d) 86%
e) 94%

36. (CMR/04) O valor de $(20\%)^2+(30\%)^2$ é:

a) 13%
b) 1300%
c) 2500%
d) 50%
e) 3600%

37. (CMR/05) O preço do pote de mel, na quitanda do seu Zé, é R$ 25,00. Seu Zé resolveu aumentar o preço do pote de mel. Se o percentual de aumento foi 10% de 20%, é correto afirmar que:

a) o novo preço do pote de mel é R$ 25,50;
b) o novo preço do pote de mel é R$ 30,00;
c) o novo preço do pote de mel é R$ 32,50;
d) o percentual total do aumento foi de 30%;
e) o percentual total do aumento foi de 200%.

38. (CMR/05) Após conversar com as rainhas das abelhas, Sherlock descobriu uma trilha de pingos de mel, e, ao segui-la, encontrou um livro. No verso da capa do livro, havia a seguinte expressão:

$$\frac{\left\{\left(\frac{5}{3}\right)^2 - \left[\frac{8}{10} + \left(\frac{5}{2} \div \frac{15}{8}\right)\right]\right\} \div \left(\frac{1}{3}\right)^3}{\frac{(0,2 \, x \, 0,7 - 4 \, x \, 1\%)}{0,5 \, x \, 0,2} \, x \, 20\%}$$

Ao resolver a expressão acima, Sherlock não teve dúvidas, abriu o livro na página correspondente ao resultado da expressão. Pergunta-se: Em que página Sherlock abriu o livro?

a) página 27
b) página 37
c) página 87
d) página 98
e) página 101

39. (CMR/06) Pedro e Paulo trabalham na mesma empresa e receberam salários iguais. Pelo bom desempenho que os dois obtiveram, o dono da empresa resolveu dar a Pedro um aumento de $(5\%)^2$ sobre seu salário e a Paulo, um aumento de 2% sobre o seu salário. De acordo com as informações acima, podemos afirmar que:

a) Pedro recebeu um aumento de 25% sobre seu salário.
b) Paulo recebeu um aumento menor do que Pedro.
c) Pedro e Paulo receberam o mesmo valor de aumento.
d) Pedro recebeu 3% de aumento a mais que Paulo.
e) Pedro recebeu um aumento de 0,25% sobre o seu salário.

40. (CMR/08) Uma das informações contidas nos livrinhos tratava da região amazônica. Dizia: "De algumas décadas para cá, uma das questões que vem incomodando os ecologistas é o desmatamento da Floresta Amazônica. Até março de 2001 eram 704.634 km² desmatados, o que equivale a 14% da área total da parte brasileira da Amazônia."

Considerando as informações anteriores, pode-se afirmar que a área da parte brasileira da Amazônia, em km², mede:

a) 503.301
b) 9.864.820
c) 6.059.818
d) 503
e) 5.033.100

41. (CMPA/02) A fração $\frac{3}{4}$ escrita na forma de porcentagem é igual a:

a) 80%
b) 34%
c) 65%
d) 43%
e) 75%

42. (CMPA/03) Na figura abaixo, todos os quadrados menores têm áreas iguais. Assim, a parte hachurada corresponde a:

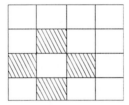

a) 30% da figura
b) 25% da figura
c) 60% da figura
d) 50% da figura
e) 20% da figura

43. (CMPA/06) No mês de agosto, Sílvia gastou R$ 80,00 para comprar roupas, gastou R$ 320,00 com aluguel e gastou, ainda, R$ 50,00 na farmácia. No mês de setembro, a despesa com roupas foi aumentada em 15%, o aluguel continuou em R$ 320,00 e ela nada gastou com remédios na farmácia. Assim, o valor total dos gastos de Sílvia, no mês de setembro, foi igual a:

a) R$ 400,00
b) R$ 445,00
c) R$ 412,00
d) R$ 448,00
e) R$ 415,00

44. (CMPA/07) Uma pesquisa mostrou que 15 entre 500 habitantes de certa cidade são engenheiros e desses 60% são homens. Assim, nessa cidade, a porcentagem de engenheiros do sexo masculino é igual a:

a) 60%
b) 1,8%
c) 9%

d) 2,5%
e) 15%

45. (CMPA/08) Uma escolinha de futebol possui 40 alunos dos quais 75% são meninas. Para que o percentual de meninos duplique, considerando que nenhuma menina saia, não entre e nem tampouco seja matriculada, quantos meninos deverão ser incluídos nessa escola, além daqueles já matriculados?

a) 60
b) 30
c) 10
d) 50
e) 20

46. (CMF/05) Um estacionamento cobrava R$ 5,00 por três horas de utilização e agora passou a cobrar R$ 5,00 por duas horas. O percentual do preço, cobrado pelo estacionamento, em relação ao preço inicial, foi de:

a) 33%
b) 45%
c) 50%
d) 60%
e) 67%

47. (CMF/05) 7% de 0,625 mais 3% de $\dfrac{15}{8}$ é igual a:

a) 0,01
b) 0,1
c) 0,02
d) 0,2
e) 0,03

48. (CMF/06) Em uma festa de aniversário, estiveram presentes 100 crianças entre meninos e meninas. 25% do total de crianças eram meninos, 40% das meninas tinham mais que 13 anos e 60% dos meninos tinham mais que 13 anos. Desse modo, o número de crianças que estavam presentes, entre meninos e meninas, com idade igual ou inferior a 13 anos era de:

a) 40
b) 50
c) 55

d) 60
e) 65

49. (CMF/07) Paulo gastou 25% de sua mesada com cinema. Do que restou, gastou 4/9 com lanches e 1/3 com a compra de livros, sobrando ainda R$ 30,00. O valor da mesada que Paulo recebeu foi:

a) R$ 120,00
b) R$ 140,00
c) R$ 160,00
d) R$ 180,00
e) R$ 200,00

50. (CMCG/05) Um produto que custava R$ 600,00 teve um reajuste de 30% no seu valor. Percebendo que as vendas do produto diminuíram, o comerciante resolveu dar um desconto de 20% sobre o novo valor do produto. Com isso, o produto passou a custar:

a) R$ 156,00
b) R$ 588,00
c) R$ 600,00
d) R$ 624,00
e) R$ 780,00

51. (CMCG/06) Um lote de apostilas foi impresso em duas gráficas. A primeira gráfica imprimiu 80% das apostilas e o restante foi impresso na outra gráfica. Após a entrega, foi constatado que 5% das apostilas entregues pela primeira gráfica e 4% das apostilas entregues pela outra gráfica estavam com defeito. Podemos afirmar que a porcentagem de apostilas defeituosas neste lote, em relação ao total de apostilas produzidas, foi de:

a) 9%
b) 5%
c) 5,1%
d) 4,8%
e) 4,5%

52. (CMCG/07) Um salgado na cantina COMA BEM custava R$ 2,00. O dono da cantina aumenta em 25% o preço do salgado. Na semana seguinte, o dono faz uma promoção de 10% sobre o novo preço. Após dados o aumento e o desconto, o salgado é vendido por:

a) R$ 2,30
b) R$ 2,25

c) R$ 2,50
d) R$ 2,35
e) R$ 2,10

53. (CMM/03) Podemos afirmar que 10% de 10% é igual a:

a) 9%
b) 5%
c) 2,5%
d) 2%
e) 1%

54. (CMM/04) A população da aldeia dos Tikunas no município de Tabatinga é de 2000 habitantes. Essa população aumenta 10% anualmente. Após 2 anos essa aldeia terá:

a) 2660 habitantes
b) 2600 habitantes
c) 2200 habitantes
d) 2420 habitantes
e) 1420 habitantes

55. (CMM/05) Observe a figura abaixo:

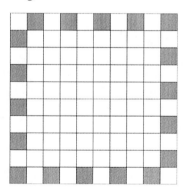

A porcentagem da área que ainda não foi pintada em relação a área total é:

a) 82%
b) 88%
c) 68%
d) 62%
e) 28%

56. (CMM/05) Em um concurso vestibular foram inscritos 15280 candidatos. Após a realização do concurso verificou-se que foram aprovados 2292 candidatos. Podemos afirmar que a taxa de reprovação em relação ao total de candidatos inscritos foi de:

a) 15%
b) 75%
c) 32%
d) 65%
e) 85%

57. (CMM/06) Em um telhado, devem ser colocadas 1020 telhas. O encarregado desse serviço já colocou 35% das telhas. O número de telhas que falta colocar é de:

a) 663 telhas
b) 366 telhas
c) 636 telhas
d) 647 telhas
e) 650 telhas

58. (CMM/06) Ivana pesava 56 kg e ao deixar de usar os produtos para emagrecimento, passou a pesar 63 kg. O aumento percentual que houve no peso de Ivana foi de:

a) 13%
b) 7%
c) 12,5%
d) 15,5%
e) 20%

59. (CMJF/07)

> COMBINAÇÃO MORTAL
> No Brasil, das cerca de 35.000 mortes por ano no trânsito, estima-se que 30% estejam relacionadas ao consumo de álcool.

Veja – 29 de novembro de 2006

Das mortes que ocorrem no trânsito, por ano, no Brasil, estima-se que quantas estejam relacionadas ao consumo de álcool?

a) 10.500
b) 1.050

c) 9.500
d) 950

60. (CMJF/08) Todo ano são produzidos no país cerca de 200 mil toneladas de plástico filme, utilizado em saquinhos de supermercados. Desse total, apenas 17% é reciclado. Os saquinhos de plástico levam centenas de anos para se decompor e dificultam a compactação do lixo.

Campanha Planeta Sustentável – Editora Abril e Banco Real

Do total de plástico filme produzido todo ano no país, quantas toneladas são recicladas?

a) 34.000.000
b) 340.000
c) 3.400
d) 34.000

61. (CMC/07) A tabela abaixo mostra uma relação de países com os respectivos percentuais (%) de sua população total que está ligada à Internet.

País	%
Islândia	45
Canadá	42,3
Estados Unidos	39,3
Inglaterra	18
Venezuela	3,3
Brasil	3
Argentina	0,6
China	0,26
Burundi	0,000023

(Fonte: Veja Vida Digital
parte integrante da Revista Veja ano 32, n° 15)

Analisando os dados da tabela acima, responda:

Entre a Inglaterra e a Venezuela, a diferença do número de pessoas ligadas na Internet em cada 1000 é:

a) 1,47
b) 14,7
c) 15
d) 150
e) 147

Capítulo 13

Sistema de Medidas

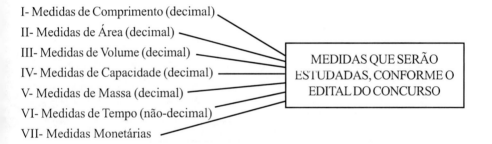

I- Medidas de Comprimento (decimal)
II- Medidas de Área (decimal)
III- Medidas de Volume (decimal)
IV- Medidas de Capacidade (decimal)
V- Medidas de Massa (decimal)
VI- Medidas de Tempo (não-decimal)
VII- Medidas Monetárias

MEDIDAS QUE SERÃO ESTUDADAS, CONFORME O EDITAL DO CONCURSO

A História do Sistema Métrico Decimal

A unidade fundamental do novo sistema de medidas foi tirada de uma medida do globo terrestre. Uma equipe de cientistas franceses mediu o comprimento do arco (empregaram nessa medida a unidade "toesa" existente na França, na época) do meridiano que passa por Paris, compreendido entre Dunquerque e Barcelona.

Conhecida essa medida, foi possível estabelecer a base do nosso sistema que foi designado por **metro** (no grego significa medida). Essa unidade corresponde à décima milionésima (dividido em dez milhões) partes de um quarto de um meridiano da Terra. Dessa forma, o metro é a décima milionésima parte da distância do Equador ao Pólo.

O Brasil, a partir de 20 de junho de 1862, adotou o metro como uso obrigatório, apesar de que em uma medição mais exata, verificou-se que o quarto do meridiano terrestre ser 10.001.870 metros, e que, por isso, o verdadeiro tamanho do metro deveria ser 1,000187.

Hoje, o padrão do metro em vigor no Brasil é recomendado pelo INMETRO (Instituto Nacional de Metrologia, Normalização e Qualidade Industrial), em sua Resolução nº 03/84, assim definiu o metro:

"É o comprimento do trajeto percorrido pela luz no vácuo, durante o intervalo de tempo de $\dfrac{1}{299.729.458}$ do segundo."

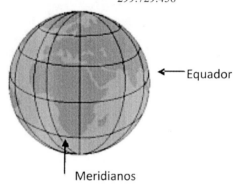

Medidas de Comprimento

km hm dam	m	dm cm mm
Múltiplos	Padrão	Submúltiplos

⇨ **Quilômetros: km** ⎫
⇨ **Hectômetros: hm** ⎬ **prefixos Gregos**
⇨ **Decâmetros: dam** ⎭

⇨ **Decímetros: dm** ⎫
⇨ **Centímetros: cm** ⎬ **prefixos Latinos**
⇨ **Milímetros: mm** ⎭

Medidas de Área

É a medida de uma superfície.

km² hm² dam²	m²	dm² cm² mm²
Múltiplos	Padrão	Submúltiplos

Medidas de Volume

Volume de um corpo é a porção do espaço tomada por esse corpo.

km³ hm³ dam³	m³	dm³ cm³ mm³
Múltiplos	Padrão	Submúltiplos

Medidas de Massa

Volume de um corpo é a porção do espaço tomada por esse corpo.

kg hg dag	g³	dg cg mg
Múltiplos	Padrão	Submúltiplos

1 tonelada = 1.000 kg

Medidas de Capacidade

É o volume de um quilograma de água destilada e isenta de ar, à temperatura de 4°C e sob pressão atmosférica normal.

kl hl dal	l	dl cl ml
Múltiplos	Padrão	Submúltiplos

$$\text{Densidade} = \frac{massa}{volume}$$

1 litro = 1 dm³

Medida de Tempo

A unidade legal é o segundo (s) que corresponde ao intervalo igual à fração $\frac{1}{86.400}$ do dia solar médio, definido com as convenções da Astronomia.

Múltiplos do Segundo	
NOME	VALOR
1 minuto	60 s
1 hora	3.600 s
1 dia	86.400 s

Múltiplos do Dia	
NOME	VALOR
1 semana	7 d
1 mês civil *	30 ou 31 d
1 mês comercial	30 dias
1 ano civil	365 dias
1 ano bissexto	366 dias
1 ano comercial	360 dias

* Fevereiro pode ter 28 ou 29 dias.

Múltiplos do Mês	
NOME	VALOR
1 bimestre	2 meses
1 trimestre	3 meses
1 semestre	6 meses

Múltiplos do Ano	
NOME	VALOR
1 biênio	2 anos
1 lustro	5 anos
1 decênio ou década	10 anos
1 século	100 anos
1 milênio	1000 anos

ATENÇÃO: 1 ano é uma volta completa da Terra em torno do Sol. Historicamente, o Calendário Juliano existiu até 1582, e 1 ano correspondia a 365,25 dias, ou seja, os anos bissextos aconteciam em todos os anos múltiplos de 4(quatro). Contudo, esse calendário foi substituído em 1582 pelo que vigora até hoje, o Calendário Gregoriano, que estabelece que 1 ano é igual a 365,2425 dias, alterando a definição de ano bissexto que passou a ser aqueles que são múltiplos de 4(quatro) que não termine em dois zeros, e se terminar, que seja divisível por 400 (quatrocentos).

Nota: A precisão dos instrumentos continua a ser aperfeiçoada e hoje 1 ano é aproximadamente igual a 365,24199 dias. Isso quer dizer que a regra atual vai merecer uma correção com a retirada de 1 dia do calendário a cada 3300 anos a contar de 1582, isto é, pela primeira vez no ano de 4882.

Sistema Monetário Brasileiro

O dinheiro utilizado em nosso país é o **real**, circulando entre as pessoas por meio de **cédula ou nota** e **moeda**. Na linguagem escrita, o Real é representado por **R$**.

As cédulas de R$ 1,00, R$ 2,00, R$ 5,00, R$ 10,00, R$ 20,00, R$ 50,00 e R$ 100,00 e as moedas de R$ 1,00, R$ 0,50, R$ 0,25, R$ 0,10, R$ 0,05 e R$ 0,01 são os múltiplos e os submúltiplos da unidade monetária, o real, respectivamente.

Como podemos observar, os múltiplos chegam até cem vezes o valor da unidade monetária, enquanto que os submúltiplos são divididos em até cem partes iguais. Neste caso, cada parte igual é chamada de **centavo**.

A Lei nº 9.069, de 29/06/95 no seu §5º do artigo 1º admite o fracionamento especial da unidade monetária, sendo as frações resultantes **desprezadas** ao final dos cálculos.

> Exemplo: Um litro de gasolina custando R$ 2,189 é possível, mas se o cliente comprar apenas 1 litro pagará R$ 2,18, porém se o cliente quiser 13 litros pagará R$ 28,45, ou seja, 13 x R$ 2,189 = R$ 28,457, desprezando a terceira casa decimal ficará R$ 28,45.

Questões dos Colégios Militares

01. (CMRJ/96) Determine, entre as alternativas abaixo, o valor correto para a soma 0,02 dal + 5 cm^3 + 0,8 dl + 0,02 dm^3:

a) 305 m^3
b) 0,000305 m^3
c) 30,5 dam^3
d) 3,5 dam^3
e) 3,05 litros

02. (CMRJ/97) Sabe-se que o trigo, quando transformado em farinha, fica reduzido a 4/5 de sua massa e que com 3.600 dag de farinha de trigo podemos preparar 1.152 hg de massa de pão. Quantos quilogramas de massa de pão poderão ser fabricados com 12.000 g de trigo?

a) 27
b) 30,72
c) 60,27
d) 7.200
e) 9.000

03. (CMRJ/99) Paulo guardava todas as moedas que recebia de troco em cofrinhos. Em um determinado dia, resolveu fazer pacotinhos de 50 moedas de cada espécie que possuía. Assim procedendo, obteve:

⇨ 5 pacotinhos de moedas de R$ 0,50;
⇨ 12 pacotinhos de moedas de R$ 0,25;
⇨ 9 pacotinhos de moedas de R$ 0,10;
⇨ 5 pacotinhos de moedas de R$ 0,05;
⇨ 5 pacotinhos de moedas de R$ 0,01.

No Banco, em que trocou todas as moedas, recebeu a mesma quantia em:

a) 33 notas de R$ 10,00 e 5 notas de R$ 5,00;
b) 30 notas de R$ 10,00 e 5 notas de R$ 5,00;
c) 6 notas de R$ 50,00 e 3 notas de R$ 10,00;
d) 66 notas de R$ 5,00;
e) 6 notas de R$ 50,00, uma nota de R$ 5,00 e três notas de R$ 10,00.

04. (CMRJ/00) Considere as afirmativas abaixo:

I. $6/5$ km = 1.200 dm
II. $0,02$ dm^2 = 2 m^2
III. 5 cl = 5 cm^3
IV. 10,5 dag = 0,00105 t
V. 30 m^2 = 0,3 a

Pode-se concluir que, entre as afirmativas dadas:

a) não há afirmativa verdadeira;
b) apenas quatro afirmativas são verdadeiras;

c) apenas três afirmativas são verdadeiras;
d) apenas duas afirmativas são verdadeiras;
e) apenas uma afirmativa é verdadeira.

05. (CMRJ/02) Um comerciante que vendia tecidos estava usando em sua loja um medidor defeituoso: em vez de 1 metro, ele tinha 102 centímetros. O erro foi detectado após a venda de 320 "metros" de tecidos, medidos com aquele medidor defeituoso, ao preço de R$ 7,50 o metro. Qual o prejuízo do comerciante?

a) R$ 19,20
b) R$ 28,60
c) R$ 36,00
d) R$ 38,60
e) R$ 48,00

06. (CMRJ/02) Um professor de Matemática resolveu fazer uma competição na sua turma. Nesse jogo, cada aluno deveria dizer uma proposição matemática: se ela fosse falsa, o aluno seguinte deveria falar uma proposição verdadeira, mas se ela fosse verdadeira, o aluno seguinte deveria falar uma proposição falsa. Caso o aluno não seguisse essa lógica, ele seria eliminado da brincadeira. O primeiro aluno falou que todo número natural ímpar é múltiplo de três. Qual das proposições abaixo o segundo aluno poderia falar para não ser eliminado da brincadeira?

a) O conjunto A = {7, 9} possui somente três subconjuntos;
b) 1m³ = 100cm³
c) O MDC entre dois números naturais pares é igual a 2;
d) Entre dois números naturais diferentes, o MMC é sempre maior que o MDC;
e) Quanto maior o número natural, maior a quantidade de divisores que ele possui.

07. (CMRJ/02) Uma colônia de bactérias dobra de volume a cada 36 minutos. Em certo instante, foi feita uma medição inicial e, após 3 horas, em nova medição, verificou-se que o volume da colônia era de 4,16dm³. Qual seria o volume da colônia se houvesse sido realizada uma medição 36 minutos depois da medição inicial?

a) 65 cm³
b) 90 cm³
c) 130 cm³
d) 165 cm³
e) 260 cm³

08. (CMRJ/03) Em um prédio, o elevador de serviço pode transportar, no mínimo, 396 kg por viagem. No térreo desse prédio, há 62 caixas iguais, de 45 kg cada, que deverão ser transportadas para o último andar. Pelo tamanho das caixas, no máximo 12 caixas, de cada vez, podem ser colocadas dentro do elevador. Qual é o número mínimo de subidas que o elevador deverá fazer para transportar todas as caixas?

a) 6
b) 7
c) 8
d) 9
e) 10

09. (CMRJ/03) Dois relógios "A" e "B" foram acertados simultaneamente ás 8h 30 min de certo dia. Sabe-se que o relógio "A" marca sempre a hora certa e o relógio "B" atrasa $\frac{1}{3}$ do minuto por hora. Pode-se, então, afirmar que, na manhã seguinte, quando o relógio "A" marcar 10 h 45 min, o relógio "B" estará marcando:

a) 10 h 36 min 15 seg
b) 10 h 35 min
c) 10 h 34 min 30 seg
d) 10 h 32 min 45 seg
e) 10 h 30 min

10. (CMRJ/03) Calcule o valor simplificado da expressão: 2 x (1,2 hm + 6000 cm – 2 x 0,4 dam) – 0, 002 km

a) 34, 2 dam
b) 342 km
c) 3,6 hm
d) 360 m
e) 3.580 dm

11. (CMB/05) Com oito toneladas de papel, foram feitos dez mil livros de duzentas folhas cada um. O cubo do valor numérico da massa, em gramas, de uma folha pertencente a um desses livros é:

a) 2
b) 4
c) 8
d) 16
e) 64

12. (CMB/06) As cisternas de um conjunto habitacional comportam 21.000 litros de água. Determine a quantidade de baldes, com 17.500 cm³ de capacidade para encher completamente tais cisternas:

a) 12
b) 120
c) 1.200
d) 2.100
e) 12.000

13. (CMBH/02) Pedro viajou de Lagoa Santa para Belo Horizonte, passando por Vespasiano. Considere que essas três cidades estão alinhadas e que a distância entre as cidades de Vespasiano e Belo Horizonte é duas vezes maior do que a entre Lagoa Santa e Vespasiano. Sabendo que 42 km separam Lagoa Santa de Belo Horizonte, logo a distância entre Lagoa Santa e Vespesiano é:

a) 35 km
b) 28 km
c) 21 km
d) 14 km
e) 7 km

14. (CMBH/02) O volume interno do tanque de gasolina de um jipe do Exército é de 0,06 m³. O número de litros que falta para encher o tanque, se o mesmo está preenchido com ¾ de sua capacidade total, é de:

a) 10
b) 12
c) 15
d) 17
e) 18

15. (CMBH/02) Em uma prova de rali, dividida em três trechos, o piloto vencedor percorreu o 1º trecho em 2h 38min 46s, o 2º 2h 32min 58s e o 3º em 2h 30min 52s. O tempo total gasto pelo vencedor da prova foi de:

a) 7h 40min 36s
b) 7h 41min 36s
c) 7h 42min 36s
d) 7h 43min 36s
e) 7h 44min 36s

16. (CMBH/03) Em uma prova de triatlo, as modalidades disputadas são natação, ciclismo e corrida. Um atleta gastou 1h 35min 20s na natação; 1h 27min 58s no ciclismo e 59min 34s na corrida. Considerando que há um intervalo de 2,5 minutos entre duas modalidades, o tempo total gasto pelo atleta foi:

a) 3h 7min 52s
b) 4h 2min 52s
c) 4h 7min 22s
d) 4h 7min 52s
e) 4h 10min 22s

17. (CMBH/07) Um reservatório tem um volume interno de 81 m³ e está cheio de água. Uma válvula colocada nesse reservatório deixa passar 1.500 litros de água a cada 15 minutos. Essa válvula ficou aberta durante certo tempo e, depois de fechada, verificou-se que havia, ainda, 27 m³ de água no reservatório. Para a situação exposta, podemos afirmar que a válvula ficou aberta por:

a) 8h
b) 9h
c) 12h
d) 36h
e) 10h

18. (CMS/01) Um milésimo de um metro cúbico é equivalente, em litros, a:

a) 0,01
b) 0,1
c) 1
d) 10
e) 100

19. (CMS/01) Para fazer um bolo, Luzia seguiu a seguinte receita:

BOLO SORRISO

Ingredientes para a massa	Ingredientes para a cobertura	Ingredientes para o recheio
⇨ 4 ovos ⇨ 2 xícaras de farinha de trigo ⇨ $1\frac{2}{3}$ tablete de margarina ⇨ 3 xícaras de farinha de trigo ⇨ 1 colher de sopa de fermento	⇨ $\frac{1}{2}$ tablete de margarina ⇨ 1 xícara de chocolate	⇨ $\frac{1}{3}$ tablete de margarina

Sabendo-se que cada tablete de margarina tem 200g, a quantidade de margarina necessária para fazer o bolo é:

a) 250g
b) 500g
c) 100g
d) 233g
e) 300g

20. (CMS/02) Uma centopéia percorre 5 metros em 20 minutos. A quantidade de **centímetros** que essa mesma centopéia percorre em 1 minuto é de:

a) 35
b) 15
c) 20
d) 25
e) 10

21. (CMS/03) Uma torneira aberta despeja 80 litros de água, a cada cinco minutos, em uma caixa d'água que tem capacidade para 2,88 m^3 de água. O tempo que essa torneira levará para encher essa caixa d'água é de:

a) 6 horas
b) 30 minutos
c) 60 minutos
d) 3 horas
e) 80 minutos

22. (CMS/03) Em um mapa da Bahia, cada centímetro corresponde a 22 km na medida real. Sabendo-se que a distância de Feira de Santana a Salvador é de aproximadamente 110 km, essa distância nesse mapa é igual a:

a) 5 cm
b) 11 cm
c) 22 cm
d) 10 cm
e) 15 cm

23. (CMS/05) Maria foi almoçar no restaurante "O QUILO BOM" e colocou em seu prato 37 g de salada, 132 g de legumes, 104 g de arroz, 147 g de frango e 80 g de feijão. Sabendo que o quilo da comida no restaurante custa R$ 17,90, e que Maria tomou um refrigerante

cujo preço era de R$ 1,50, o valor pago por Maria pelo almoço (comida mais o refrigerante) foi de:

a) R$ 8,95
b) R$ 9,95
c) R$ 10,75
d) R$ 10,45
e) R$ 10,55

24.(CMS/06) O doutor Sabetudo receitou a um determinado paciente, que estava com dor de cabeça, 40 gotas do medicamento 'SARALOGO', que é vendido em frascos de 250 ml. Considerando que uma gota equivale a 0,05 ml, comprando um frasco desse medicamento, o número máximo de vezes que ele poderá utilizá-lo, com essa mesma quantidade de gotas é:

a) 75 vezes
b) 100 vezes
c) 125 vezes
d) 150 vezes
e) 175 vezes

25. (CMSM/03) O Laboratório/Clube de Matemática – MATHEMA, do CMSM é um espaço aberto para professores e alunos desenvolverem o raciocínio lógico-dedutivo e aprenderem a utilizar novas ferramentas na interação com o espaço em que vivem: o espaço dos números e das formas, das medidas e das informações.

No laboratório existe um recipiente na forma de um cubo cuja capacidade é de 125 ml. Desejo encher uma garrafa de 2 litros com água utilizando o cubo como medida. Quantas vezes terei que encher o cubo e virar a água na garrafa?

a) 25
b) 8
c) 20
d) 62
e) 16

26. (CMSM/03) O símbolo do Colégio Militar é uma estrela de cor vermelha com o desenho de um castelo em seu interior. A cor vermelha representa o sangue dos brasileiros que morreram na Guerra do Paraguai. O castelo protege os órfãos e as estrela dará uma orientação, um destino para a vida.

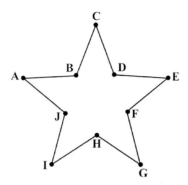

Considerando o caminho a ser percorrido, começa pelo ponto A e passa pelos pontos B, C, D, E, F, G, H, I, J e retorna ao ponto A. Sabendo que a distância entre um ponto e o ponto seguinte mede 18 m, determine a distância percorrida em dm:

a) 180
b) 1.800
c) 18
d) 18.000
e) 1,8

27. (CMSM/05) Sabe-se que um ano tem 365 dias e 6 horas. A cada 4 anos, essas 6 horas formam um ano com 366 dias (365 + 6 horas + 6 horas + 6 horas + 6 horas). Esse dia a mais é o dia 29 de fevereiro, e cada ano com 366 dias é chamado de ano bissexto. Um ano é bissexto se for divisível por 4. Mas, se esses anos terminarem em 00, só irão indicar ano bissexto se também forem divisíveis por 400.

Com base no texto acima, assinale a única afirmação correta:

a) O ano do Descobrimento do Brasil (1500) foi ano bissexto.
b) O ano da Proclamação da Independência do Brasil (1822) foi ano bissexto.
c) Na década de 90, do século passado (XX), ocorreram quatro anos bissextos.
d) No século XXI, que começa em 2001, o primeiro ano bissexto foi 2004.
e) 1960, ano da inauguração de Brasília, não foi ano bissexto.

Observação: Conforme estudamos, o calendário Gregoriano, definido no texto da questão acima, foi implantado em 1582. Entretanto a opção (a) remete ao ano de 1500, ano em que o calendário em vigor era o Juliano, ou seja, 1500 foi um ano bissexto. Dessa forma, a questão é passível de anulação.

28. (CMSM/06) Antigamente, quando o comerciante de frutas, verduras e legumes usava a balança de dois pratos, ele colocava a mercadoria em um dos pratos e objetos com massas específicas no outro prato para equilibrá-los. Adicionava os valores dos objetos utilizados e encontrava a massa da mercadoria. Os diversos objetos tinham 100 g, 200 g, 400 g, 800 g, 1 kg, 2 kg e 4 kg. As medidas até 100 g eram desprezadas da mercadoria. Ao verificar a massa de um saco cheio de maçãs, o comerciante colocou os objetos acima citados com exceção de três (800 g, 2 kg e 4 kg). Calcule a massa do saco de maçãs e identifique a reposta certa:

a) 1.700 dg
b) 701 g
c) 8,5 kg
d) 6.800 g
e) 170 dag

29. (CMSM/07) Um ano é dito bissexto quando possui 366 dias. Para termos um ano bissexto ele deve ser divisível por 4. Mas, se esse ano terminar em 00, só será bissexto se também for divisível por 400.

Com base na afirmação acima marque a alternativa em que o ano sublinhado corresponde a um ano bissexto:

a) Os jogos Pan-americanos ocorrem a cada 4 anos, se continuar assim em 2100 não haverá jogos.
b) A primeira edição dos jogos Pan-americanos foi em 1951, em Buenos Aires e reuniu atletas de 21 países, com 18 modalidades de esportes.
c) Ao longo de mais de 50 anos, os jogos Pan-americanos jamais deixaram de ser disputados. A última edição dói este ano, 2007, no Rio de janeiro.
d) A primeira edição dos jogos estava prevista para o ano de 1942 na Argentina. Porém com o desenrolar da Segunda Guerra Mundial, o evento foi cancelado.
e) A origem dos jogos Pan-americanos se remete a 1932, quando, nos Jogos Olímpicos de Los Angeles o Comitê Olímpico Internacional (COI) propôs a criação de uma competição que reunisse todos os países das Américas.

30. (CMR/03) Para a inscrição em um concurso, há uma fila com 18 pessoas. Cada pessoa ocupa um espaço de exatamente 30 cm de comprimento. A distância entre duas pessoas que estão na fila é de 0,44 m. O comprimento dessa fila é de:

a) 37,92 m
b) 31,20 m
c) 23,76 m
d) 13,32 m
e) 12,88 m

31. (CMR/06) Um dos clássicos de Júlio Verne é o livro Vinte Mil Léguas Submarinas. Sabendo que cada légua equivale a 3.000 braças e que braça corresponde a 2,2 m, a quantas quilômetros corresponde o título do livro?

a) 2.200 km
b) 6.600 km
c) 10.000 km
d) 126.000 km
e) 132.000 km

32. (CMPA/02) A leitura de um hidrômetro, aparelho que mede o consumo de água em metros cúbicos (m^3), feita em 20 de setembro de 2002, indicou um consumo de 25.752 m^3. No dia 20 de outubro de 2002, o aparelho apresentava consume de 25.787 m^3. A Companhia de Águas e Saneamento cobra R$ 0,25 por metro cúbico de água consumida. Se pagarmos a conta referente ao consumo desse período com uma nota de R$ 10,00, receberemos de troco:

a) R$ 8,75
b) R$ 7,65
c) R$ 6,50
d) R$ 2,35
e) R$ 1,25

33. (CMPA/02) Dona Carlota comprou 15 caixas de bombons com 0,75 quilogramas cada uma. Supondo que cada bombom pese 0,015 quilogramas, quantos bombons foram comprados por Dona Carlota?

a) 450
b) 550
c) 650
d) 750
e) 850

34. (CMPA/03) José trabalha em uma oficina mecânica. Ontem, ele consertou 5 carros, todos com o mesmo defeito, demorando 1 hora e 15 minutos em cada carro, José começou a trabalhar às 8 horas e 40 minutos da manhã, sempre descansando 5 minutos entre o conserto de um carro e outro. No momento em que concluiu o último dos 5 carros, ele olhou para o relógio de sua oficina, o qual marcava:

a) 14 horas e 40 minutos
b) 15 horas e 10 minutos

c) 15 horas e 15 minutos
d) 15 horas e 20 minutos
e) 14 horas e 55 minutos

35. (CMPA/05) Sobre múltiplos e submúltiplos do metro (m) podemos afirmar que:

a) 0,001 m = 1 cm
b) 100 m = 1 hm
c) 0,1 m = 1 mm
d) 0,01 m = 1 dm
e) 1 m = 10 dam

36. (CMPA/07) José pretende utilizar uma régua como unidade de medida. Assim, verificou que uma mesa com 2,70 m de comprimento mede 15 réguas. Então, concluiu que o comprimento dessa régua é igual a:

a) 18 mm
b) 1.800 mm
c) 1,8 dm
d) 18 dm
e) 1.800 cm

37. (CMPA/07) Uma torneira aberta despeja 20 litros de água, a cada 4 minutos, num reservatório cuja capacidade total é de 0,5 m^3. O reservatório já contém 140 dm^3 de água. Se abrirmos essa torneira às 9h 15min, o reservatório ficará totalmente cheio às:

a) 10h 27min
b) 10h 15min
c) 10h 12min
d) 10h
e) 9h 57min

38. (CMF/05) Um dia antes do seu aniversário, Larissa ganhou uma barra de chocolate cuja massa era: 600 g mais 1/4 de barra do mesmo chocolate. No dia seguinte, resolveu pedir ao seu pai dez barras do mesmo chocolate. A massa, em kg, das 10 barras de chocolate era:

a) 6,5
b) 7
c) 8
d) 8,5
e) 9

39. (CMF/07) Em uma Olimpíada de Matemática, a aluna Jamile resolveu a prova em 11.280 segundos, enquanto a aluna Jesile resolveu a mesma prova em 1/8 de um dia. A diferença entre o maior e o menor tempo foi de:

a) 7 minutos
b) 12 minutos
c) 6 minutos
d) 10 minutos
e) 8 minutos

40. (CMCG/05) Um automóvel percorre 500 quilômetros, consumindo 40 litros de gasolina. Se o preço do litro de gasolina é de R$ 2,50, o proprietário do automóvel gasta, em média, por quilômetro percorrido, a quantia de:

a) R$ 12,50
b) R$ 10,00
c) R$ 2,50
d) R$ 0,25
e) R$ 0,20

41. (CMCG/06) Um tanque recebe 0,06 hl de água por minuto. Ao final de 4 horas, a medida do volume de água contida no tanque é de:

a) 144 m^3
b) 1440 m^3
c) 14400 m^3
d) 1440 dm^3
e) 14,4 dm^3

42. (CMM/05) Se um litro de determinada substância corresponde a uma massa de 2,75 kg, a quantidade, em quilogramas (kg), que há em 10.000 cm^3 dessa substância é igual a:

a) 95
b) 275
c) 55
d) 105
e) 27,5

43. (CMM/06) Em certa hora do dia, a fila única de clientes de um banco tem 16 pessoas. Se, em média, a distância entre duas pessoas que estão na fila é de 0,55 m e cada pessoa ocupa 0,30 m na direção da fila, o comprimento dessa fila nesse instante será de:

a) 15,03 m

b) 13,50 m
c) 13,05 m
d) 15,30 m
e) 10,53 m

44. (CMJF/04) O que é o grau? Valor que indica até onde se enxerga bem. O grau é resultado de 1 inteiro pela distância, em metros, até onde a pessoa enxerga bem, sem os óculos.

Com base no texto acima, podemos afirmar que:

a) Uma pessoa, míope, enxerga bem, sem os seus óculos de 1(um) grau, outra pessoa que está até 1,5 metros de distância dela;
b) Uma pessoa, míope, sem seus óculos de 3(três) graus, enxerga bem um objeto que está a 40 centímetros de distância dela;
c) Uma pessoa, míope, que usa óculos de 4(quatro) graus, enxerga bem, sem os óculos, até 20 centímetros de distância dela;
d) Uma pessoa, míope, que só enxerga bem, sem os óculos até 0,5 metros precisa de óculos de 2(dois) graus.

45. (CMJF/07) "Em média, nós, brasileiros, ficamos 20 horas e 27 minutos conectados por mês na Internet."

Sendo assim, podemos dizer que nós, brasileiros, ficamos conectados, em média, quanto tempo por ano?

a) 10 dias 5 horas e 24 minutos
b) 240 horas e 24 minutos
c) 1 dia 10 horas e 32 minutos
d 10 dias e 32 minutos

46. (CMJF/07)

ESTIMATIVA DA ALTURA COM BASE NA CARGA GENÉTICA	
Para meninos	Para meninas
Altura do pai + Altura da mãe + 13 centímetros	Altura do pai + Altura da mãe − 13 centímetros
÷ 2	÷ 2

Qual a estimativa da altura de um casal de irmãos, sabendo-se que o pai tem 1,75 m e a mãe tem 1,66 m?

a) menino: 1,72 m e menina: 1,60 m
b) menino: 1,77 m e menina: 1,64 m
c) menino: 1,77 m e menina: 1,60 m
d) menino: 1,72 m e menina: 1,64 m

47. (CMJF/08)

> A MATEMÁTICA DOS FIOS
>
> 0,07 milímetros é a espessura de um fio de cabelo. Seria necessário juntar 40 fios para chegar à espessura de um prego pequeno.

De acordo com a informação acima, qual é a espessura do prego considerado?

a) 28 milímetros
b) 2,8 milímetros
c) 0,28 milímetros
d) 0,028 milímetros

48. (CMC/07) Ao abrir seu cofrinho, Eduardo organizou as moedas e verificou que tinha economizado:

15 moedas de 50 centavos	6 moedas de 25 centavos
22 moedas de 5 centavos	5 moedas de 1 centavo
12 moedas de 10 centavos	7 moedas de 1 real

Quantos reais ele conseguiu guardar no total?

a) R$ 18,35
b) R$ 28,25
c) R$ 282,00
d) R$ 67,00
e) R$ 183,00

Capítulo 14

Área de Figuras Planas

Área do Retângulo

A área do retângulo é obtida multiplicando-se a medida de sua base pela medida da sua altura.

O retângulo possui 4 lados, sendo 2 lados opostos iguais.

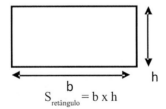

$$S_{retângulo} = b \times h$$

Área do Quadrado

A área do quadrado é obtida multiplicando-se a medida da sua base pela medida da sua altura. Como as medidas são iguais, nós chamamos de lado do quadrado.

O quadrado possui 4 lados iguais.

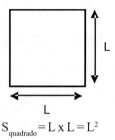

$$S_{quadrado} = L \times L = L^2$$

Reconhecimento de Algumas Figuras Planas

1ª) nome: Triangulo

2ª)  nome: Losango

3ª) 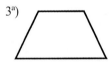 nome: Trapézio

4ª) 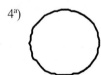 nome: Círculo

5ª) 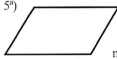 nome: Paralelogramo

Nomenclatura dos Polígonos

De acordo com o número de lados, os polígonos são chamados de:

Nº de Lados	Nome do Polígono
3 lados	triângulo
4 lados	quadrilátero
5 lados	pentágono
6 lados	hexágono
7 lados	heptágono
8 lados	octógono

Nº de Lados	Nome do Polígono
9 lados	eneágono
10 lados	decágono
11 lados	undecágono
12 lados	dodecágono
15 lados	pentadecágono
20 lados	icoságono

Perímetro

É a soma dos lados de uma figura representado por 2p (sendo p a soma dos lados distintos).

Áreas de Figuras que se utilizam de pequenos Quadrados de área 1(um)

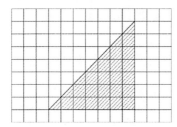

Resposta: 18

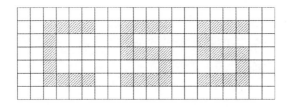

Resposta: 39

Questões do Colégios Militares

01. (CMRJ/94) João pintou 1/10 da área de um quadrado de 5 m de lado. Paulo pintou 1/5 da área de um quadrado de 250 cm de lado. Maria pintou a metade da área de um retângulo de 10 dm de comprimento por 40 dm de largura. Comparando-se as áreas pintadas, podemos concluir que:

a) Maria pintou a maior área;
b) João pintou a metade da área pintada por Paulo;
c) Maria e Paulo pintaram áreas iguais;
d) João pintou uma área maior do que as de Paulo e Maria juntos;
e) O dobro da área pintada por João completaria a área que não foi pintada por Paulo em seu quadrado.

02. (CMRJ/96) Na figura abaixo, observa-se um quadrado e um retângulo sobre um fundo quadriculado.

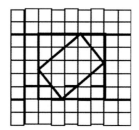

Sabendo-se que cada quadradinho do fundo quadriculado representa a unidade **u** de medida de área, pode-se afirmar que:

a) A diferença entre as áreas do quadrado e do retângulo é de 12**u**;
b) A área do retângulo é igual à metade da área do quadrado;
c) A diferença entre as áreas do quadrado e do retângulo está compreendida entre 10**u** e 12**u**;
d) A área do retângulo corresponde a 2/3 da área do quadrado;
e) A soma das áreas do quadrado e do retângulo está compreendida entre 36**u** e 40**u**.

03. (CMRJ/97) Considere um quadrado de 100 dm^2 de área. Se o dividirmos em quadradinhos iguais de 1 mm^2 de área e colocarmos todos os quadradinhos lado a lado, em linha reta, de modo que eles tenham apenas um lado em comum, o comprimento, em metros, da fileira construída é:

a) 0,1 m
b) 1 m

c) 10 m
d) 100 m
e) 1.000 m

04. (CMRJ/97) Na figura dada, A é a área da parte hachurada e B a área total. A figura está dividida em quadrados iguais, cujo lado mede 1 cm. Sabendo que A = 9,5 cm², o valor de A/B é

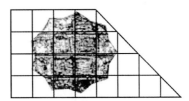

a) 9/32
b) 7/16
c) 9/48
d) 19/48
e) 17/32

05. (CMRJ/99) Para a festa de encerramento do ano letivo, os alunos da 5ª série resolveram confeccionar uma faixa com as iniciais do Colégio, conforme mostra a figura abaixo: As letras serão pintadas com tinta de tecido. Sabendo que cada pote dessa tinta dá para pintar 9,5 dm², a quantidade mínima de potes de tinta que deverá ser comprada para este serviço é: (**obs: Cada quadradinho tem 10 cm de lado**)

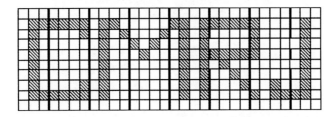

a) 5
b) 6
c) 7
d) 8
e) 9

06. (CMRJ/99) Um terreno de forma retangular tem 15 dam² de área, sendo de 500 dm o seu comprimento. Desejando-se cercar este terreno com estacas colocadas separadas de 5 m umas das outras, a quantidade de estacas necessárias para este serviço é de:

a) 36
b) 32

c) 30
d) 38
e) 24

07. (CMRJ/00) A soma das áreas de dois terrenos retangulares é 2.560 m². O comprimento do menor é igual à largura do maior e mede 32 m. O comprimento do maior excede a largura do menor em 44 m. Então, podemos afirmar que a diferença entre os perímetros dos dois terrenos é:

a) 24 m
b) 36 m
c) 44 m
d) 72 m
e) 88 m

08. (CMRJ/02) O retângulo da figura abaixo é formado por quadrados e a medida do lado do menor quadrado vale 1cm. Qual a diferença entre a área hachurada e a área branca desta figura?

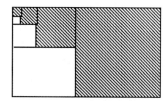

a) 125cm²
b) 135cm²
c) 156cm²
d) 161cm²
e) 187cm²

09. (CMRJ/03) Na figura, temos um quadrado dividido em 4 retângulos (R_1, R_2, R_3 e R_4) e um quadrado R_5, ao centro. Os 4 retângulos possuem suas dimensões respectivamente iguais e, se forem colocados lado a lado unidos pelo lado maior, formarão um quadrado cuja área mede 1m². Pode-se, então, afirmar que a área do quadrado R_5 mede:

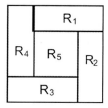

a) 2 m²

b) $\frac{25}{16}$ m²

c) 1 m²

d) $\frac{9}{16}$ m²

e) $\frac{1}{2}$ m²

10. (CMRJ/04) Um quadrado, de 0,2 dam de lado, está dividido em quadradinhos de 1 mm de lado. Se colocássemos todos os quadradinhos em fila, um colado no outro, quantos quilômetros de comprimento teria essa fila?

a) 5
b) 4
c) 3
d) 2
e) 1

11. (CMRJ/08) O retângulo da figura a seguir está dividido em 7 quadrados. Se a área do menor quadrado mede 1 cm², a área do retângulo, em cm², é:

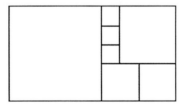

a) 42
b) 44
c) 45
d) 48
e) 49

12. (CMB/03) Um número natural N tem três algarismos. O produto dos algarismos de N é 126 e a soma dos dois últimos algarismos de N é igual a 11. O quadrado cujo lado é igual ao algarismo das centenas de N tem área, em unidades de área, igual a:

a) 7

b) 9
c) 36
d) 49
e) 81

13. (CMB/04) Luciana, a cada 4 passos que dá, avança exatamente 285 cm. Um dos corredores do colégio onde estuda tem a forma retangular com 3,5 m de largura. Luciana verificou que percorre esse corredor, ao longo da reta que define o seu comprimento, dando exatamente 72 passos. A área desse corredor é:

a) superior a 718,2 m^2
b) exatamente 718,2 m^2
c) superior a 359,1 m^2 e inferior a 718,2 m^2
d) exatamente 359,1 m^2
e) inferior a 180,2 m^2

14. (CMB/05) Um quadrado de 1(um) metro de lado está dividido em quadradinhos de 1(um) milímetro de lado, sem sobrar qualquer espaço no interior do quadrado maior. Se colocássemos todos os quadradinhos de 1 milímetro em fila única, um colado no outro, ou seja, sem invasão de espaço entre os mesmos, quantos decímetros teria essa fila? (Observação: Desprezar a espessura da linha dos quadrados)

a) 10^2 dm
b) 10^3 dm
c) 10^4 dm
d) 10^5 dm
e) 10^6 dm

15. (CMB/06) Um campo de futebol tem formato retangular. O seu comprimento mede 1 dam e a sua largura mede 0,6 hm. Determine a área desse campo:

a) 0,06 m^2
b) 0,6 m^2
c) 6 m^2
d) 60 m^2
e) 600 m^2

16. (CMB/07) Uma imobiliária possui dois terrenos retangulares: um em Taguatinga, medindo 18 m por 1 dam, e outro, em Águas Claras, de 1,2 dam por 15 m.

Com referência a esses terrenos, analise os itens seguintes:

I- Para cercá-los com o mesmo tipo de cerca, a imobiliária gastará mais material no terreno de Águas Claras que no de Taguatinga.
II- Para cobrir completamente os dois terrenos com o mesmo tipo de grama, a quantidade maior será para cobrir o terreno de Taguatinga.
III- Se, em cada terreno, for edificada uma casa, deixando em cada lateral interna uma faixa livre de 1 m de largura, a casa de Águas Claras terá maior área construída.

Está correto o que se afirma em:

a) I
b) II
c) III
d) I e II
e) II e III

17. (CMB/07) O depósito de materiais da seção de serviços gerais do CMB é uma sala retangular. Duplicando-se as dimensões dessa sala, pode-se afirmar que:

a) sua área e seu perímetro duplicam;
b) sua área e seu perímetro quadruplicam;
c) sua área e seu perímetro ficam multiplicados por oito;
d) sua área quadruplica e seu perímetro fica multiplicado por dois;
e) sua área duplica e seu perímetro fica multiplicado por quatro.

18. (CMBH/02) O colégio Dona Maricota foi erguido em uma área de 6.000 m². A terça parte dessa área ficou livre para ser feita uma praça de esportes. No restante, foram construídas 50 salas de aula iguais no andar térreo. A área correspondente a cada uma dessas salas de aula é de:

a) 80 m²
b) 78 m²
c) 70 m²
d) 60 m²
e) 50 m²

19. (CMBH/02) A construtora Pardal está construindo uma casa num terreno retangular de 12 m por 25 m. Essa casa ocupa uma área quadrada, dentro do terreno, de 10 m de lado. A área do terreno não ocupada pela casa é de:

a) 200 m²
b) 250 m²

c) 255 m²
d) 260 m²
e) 265 m²

20. (CMBH/03) Um salão de festas tem o formato representado pela figura dada:

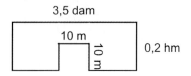

A área do salão, em m², mede:

a) 600 m²
b) 700 m²
c) 7.000 m²
d) 34.900 m²
e) 35.000 m²

21. (CMBH/05) O desenho abaixo representa o projeto inicial da construção de uma casa em um terreno retangular:

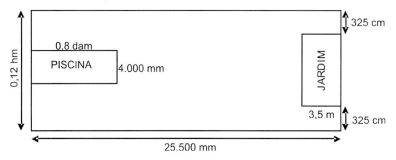

Observação: O desenho está fora de proporção.

O jardim e a piscina também têm formato retangular. Portanto, a área disponível para a construção da casa é, em metros quadrados:

a) 289
b) 285,25
c) 274
d) 254,75
e) 286,75

22. (CMBH/06) O quadrado abaixo foi dividido em 32 triângulos de mesma área. A fração da área total do quadrado representada pela região branca do quadrado dado é igual a:

a) $\dfrac{1}{2}$

b) $\dfrac{7}{16}$

c) $\dfrac{2}{5}$

d) $\dfrac{5}{8}$

e) $\dfrac{15}{32}$

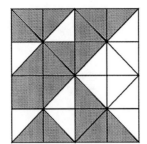

23. (CMBH/07) Se o comprimento de um retângulo é o triplo de sua largura, então a relação entre o maior lado e o perímetro desse retângulo será representado pela fração:

a) 3/8
b) 1/2
c) 1/3
d) 1/8
e) 1/5

24. (CMS/01) A parte da figura hachurada é equivalente a:

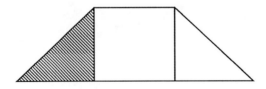

a) 1/3
b) 1/4
c) 1/5
d) 1/6
e) 1/7

25. (CMS/03) Na figura abaixo é um quadro com moldura de madeira. O comprimento total de madeira necessário para colocar moldura no quadro foi de;

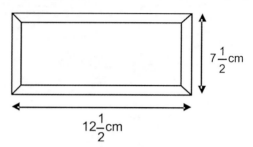

a) $19\frac{1}{2}$ cm

b) $20\frac{1}{2}$ cm

c) 19 cm

d) 20 cm

e) 40 cm

26. (CMS/05) Iuri tinha um pedaço de papelão retangular de 280 cm de comprimento por 180 cm de largura. No pedaço de papelão, ele cortou um retângulo de 110 cm de comprimento por 70 cm de largura, conforme a figura abaixo. A área de papelão (região hachurada) que ficou após o retângulo recortado é:

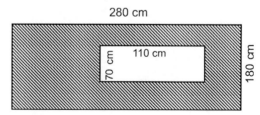

a) $3,25 \text{ m}^2$
b) $4,27 \text{ m}^2$
c) $5,23 \text{ m}^2$
d) $6,28 \text{ m}^2$
e) $7,20 \text{ m}^2$

27. (CMSM/03) A equipe de professores da seção de cursos é formada por professores de todas as disciplinas e visa preparar os alunos para o Programa de Ingresso ao Ensino Superior, Vestibular e para a Escola Preparatória de Cadetes do Exército, utilizando novas metodologias e materiais de consulta elaborados especificamente para cada concurso.

O piso da sala de seção de cursos foi recoberto com 1.500 tacos de madeira. Cada taco mede 2,1 dm de comprimento e 5 cm de largura. Com relação à área do piso da sala, em metros quadrados, podemos afirmar que:

a) é menor que 10 m²;
b) está entre 15 m² e 20 m²;
c) está entre 10 m² e 15 m²;
d) é maior que 20 m²;
e) é igual a 20 m².

28. (CMSM/06) A partir de uma folha retangular que mede 30 cm de comprimento e 20 cm de largura, determine a quantidade de retângulos de comprimento igual a 6 cm e largura igual a 4 cm que podemos desenhar, sem que haja desperdício de folha:

a) mais de 30 e menos de 41;
b) mais de 40;
c) mais de 10 e menos de 21;
d) menos de 11;
e) mais de 20 e menos de 31.

29. (CMR/03) Uma sala quadrada de 10 m de lado foi dividida em 3 partes. A primeira parte tem uma área de 40 m² e a segunda, 35 m². A fração da sala que representa a terceira parte é:

a) $\dfrac{3}{4}$

b) $\dfrac{3}{10}$

c) $\dfrac{3}{5}$

d) $\dfrac{1}{4}$

e) $\dfrac{4}{10}$

30. (CMR/04) No chão da quadra do ginásio de esportes do Colégio Militar de Recife foram pintadas as iniciais CMR, para isso, a quadra foi toda quadriculada, conforme a figura abaixo. Sabendo-se que cada quadrado tem 30 cm de lado e que com uma lata de tinta pintamos 0,6 m² de chão, quantas latas, no mínimo, serão necessárias para a pintura das iniciais CMR?

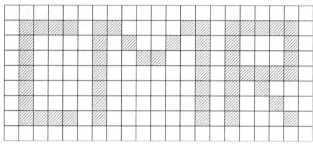

a) 9
b) 8
c) 7
d) 6
e) 5

31. (CMR/06) Observe as figuras abaixo, elas representam, passo a passo o trabalho que Adelaide apresentou na aula de Artes. Na figura 4 temos então o resultado final do trabalho apresentado por Adelaide.

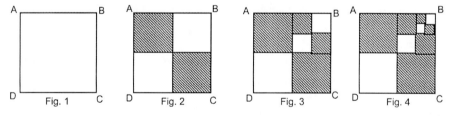

Inicialmente, Adelaide desenhou o quadro ABCD, conforme a figura 1. Posteriormente, dividiu-se esse quadrado em quatro quadrados de medidas iguais, hachurando dois deles, conforme figura 2. Em seguida, repetiu esse procedimento em um dos quadrados não hachurados, conforme figura 3. Por fim, repetiu o procedimento em um dos menores quadrados não hachurados, conforme figura 4. Dessa forma, a união de todas as regiões não hachuradas na figura 4 representa que fração do quadrado original ABCD?

a) $\dfrac{17}{4}$

b) $\dfrac{13}{16}$

c) $\frac{11}{32}$

d) $\frac{1}{2}$

e) $\frac{3}{4}$

32. (CMPA/02) Tiago gosta muito de correr e sempre treina ao redor da praça de sua casa. Na semana passada, ele correu 2.850 metros na segunda-feira; 3.050 metros na quarta-feira e 3.300 metros na sexta-feira. Sabendo que a praça tem o formato de um quadrado com lados iguais a 100 metros, quantas voltas ele deu ao redor da praça na última semana?

a) 92 voltas
b) 46 voltas
c) 23 voltas
d) 48 voltas
e) 22 voltas

33. (CMPA/05) Um pintor cobra R$ 5,00 por metro quadrado de parede que ele pinta. Quanto ele deve cobrar para pintar as quatro paredes e o teto de um salão de 10 metros de comprimento, 6 metros de largura e 3 metros de altura?

a) R$ 156,00
b) R$ 1.080,00
c) R$ 900,00
d) R$ 456,00
e) R$ 780,00

34. (CMPA/07) João recebeu de presente um novo jogo formado por 16 pequenos quadrados, conforme mostra a figura abaixo:

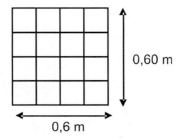

Certo dia, ele colocou todos esses pequenos quadrados em fila, uma ao lado do outro, obtendo um retângulo, cujo perímetro, em metros, é igual a:

a) 2,40
b) 4,80
c) 5,10
d) 2,70
e) 4,95

35. (CMPA/07) Considere a figura, onde estão representados o quadrado ABCD e o quadrilátero EFGH, cujos pontos E, F, G e H são pontos médios, respectivamente, dos lados $\overline{AB}$, $\overline{BC}$, $\overline{CD}$ e $\overline{DA}$. Se a medida da área destacada é igual a 2 m², a área do quadrado ABCD, em m², é igual a:

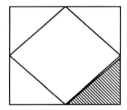

a) 8
b) 10
c) 14
d) 16
e) 18

36. (CMPA/08) Para calcular o número de pessoas presentes em reuniões públicas é costume considerar que cada metro quadrado é ocupado por 4 pessoas. Em uma cidade do interior, uma praça retangular ficou inteiramente lotada durante um show musical. Se 11.200 pessoas compareceram, podemos concluir que a praça pode ter as seguintes dimensões:

a) 40 m de largura e 60 m de comprimento
b) 35 m de largura e 80 m de comprimento
c) 70 m de largura e 35 m de comprimento
d) 60 m de largura e 35 m de comprimento
e) 40 m de largura e 50 m de comprimento

37. (CMF/06) Um quadrado e um retângulo têm áreas iguais. Sabe-se que ainda que:

⇨ O quadrado tem lado medindo 4 dm;

⇨ O retângulo tem lados com medidas expressas por números naturais maiores que 1;
⇨ Esse retângulo não é um quadrado.

Com base nessas informações, podemos afirmar que a soma das medidas de todos os lados do retângulo em questão, em dam, é:

a) 0,002
b) 0,02
c) 0,2
d) 2
e) 20

38. (CMCG/05) Para calcular o perímetro do quintal, de formato retangular, da casa de sua avó, Ricardinho dispunha apenas de uma régua que media 0,75 m. Ao longo do comprimento, a régua coube exatamente 15 vezes. E ao longo da largura, a régua coube exatamente 9 vezes. Portanto, o perímetro do quintal, em metros, é:

a) 72
b) 36
c) 18
d) 12
e) 9

39. (CMCG/05) Para confeccionar uma letra T Joãozinho usou dois pedaços de cartolina, de formato retangular, conforme a figura abaixo. Observando-se as dimensões expressas na figura pode-se afirmar que a letra T ocupa uma área, em cm², de:

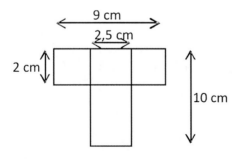

a) 38
b) 43
c) 18
d) 20
e) 25

40. (CMCG/07) Se o perímetro de um quadrado é 2,8 cm, então podemos afirmar que sua área é de:

a) 1 cm^2
b) $0,49 \text{ cm}^2$
c) $1,96 \text{ cm}^2$
d) $5,6 \text{ cm}^2$
e) $7,84 \text{ cm}^2$

41. (CMCG/07) Em volta de um terreno retangular de 120 metros de comprimento por 30 metros de largura será construída uma cerca com 5 fios de arame farpado. O arame farpado é vendido em rolos de 50 metros. Exatamente quantos rolos de arame farpado deverão ser comprados para que seja possível construir a cerca?

a) 30
b) 15
c) 10
d) 6
e) 3

A figura a seguir representa uma letra H que foi construída a partir de um quadrado com lado medindo 10 cm. A partir das medidas descritas na figura abaixo calcule e responda às duas questões a seguir:

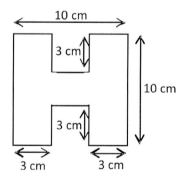

42. (CMCG/07) O perímetro da figura acima (letra H) é:

a) 32 cm
b) 40 cm
c) 44 cm
d) 48 cm
e) 52 cm

Capítulo 14 - Área do Retângulo | 265

43. (CMCG/07) A área da figura anterior (letra H) é:

a) 100 cm²
b) 76 cm²
c) 60 cm²
d) 57 cm²
e) 48 cm²

44. (CMM/02) O perímetro de um quadrado é igual a 16 m. Qual é o valor de sua área?

a) 4 m²
b) 16 m²
c) 8 m²
d) 32 m²
e) 256 m²

45. (CMM/02) Deseja-se fazer uma calçada de 0,6 m de largura em volta de uma piscina, como mostra a figura abaixo:

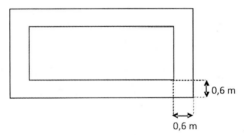

A pedra a ser utilizada é vendida em blocos medindo 0,2 m x 0,3 m cada. Se a piscina tem 4,2 m de comprimento por 3 m de largura, o menor número de blocos de pedra a serem utilizados é:

a) 192
b) 168
c) 126
d) 108
e) 84

46. (CMM/06) Clício vendeu por R$ 45.000,00 um terreno retangular medindo 12 m de frente por 25 m de largura. Logo, o preço em reais do metro quadrado do terreno será:

a) 2.500,00
b) 1.200,00

c) 150,00
d) 300,00
e) 200,00

47. (CMJF/06) Certo brim perde, ao ser molhado, $\frac{1}{11}$ do comprimento e $\frac{1}{12}$ da largura. A largura primitiva era de 1,5 m. Quantos metros desse brim devemos comprar para, depois de molhado, obter 75 m²?

a) 59 m
b) 60 m
c) 61 m
d) 62 m
e) 63 m

48. (CMJF/07) A figura abaixo mostra parte da planta de um apartamento:

Quanto mede a área total ocupada pela ÁREA DE SERVIÇO e pela COZINHA?

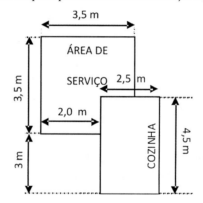

a) 33,25 m²
b) 23,50 m²
c) 21,25 m²
d) 18,25 m²

Capítulo 15

Volume de Sólidos

Paralelepípedo Retângulo

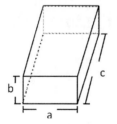

É formado por 6 retângulos, dois a dois paralelos e congruentes ou 2 quadrados mais 4 retângulos.

$$v = a \cdot b \cdot c$$

Cubo ou Hexaedro Regular

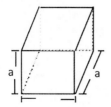

É formado por 6 quadrados iguais.

$$v = a \cdot a \cdot a \Rightarrow \boxed{v = a^3}$$

Observe os nomes:

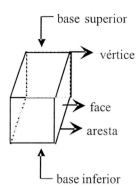

- FACES ⇨ São superfícies planas que limitam um prisma(paralelepípedo ou cubo)

- ARESTAS ⇨ As intersecções entre duas faces.

- VÉRTICES ⇨ encontro entre as arestas.

- BASES ⇨ São as faces paralelas superior e inferior.

Pintando o Cubo e Dividindo em Cubinhos

01. Pintam-se de preto todas as faces de um cubo de madeira cujas arestas medem 10cm. Por cortes paralelos às faces, o cubo é dividido em 1000 cubos pequenos, cada um com arestas medindo 1cm. Determine:

I. O número de cubos que possuem **uma única face pintada de preto**:

Solução: Essa resposta está atrelada à quantidade de faces, ou seja, 6 x (10 -2) x (10 – 2) = 384 cubinhos
   ⇨ 6 : A quantidade de faces
   ⇨ (10 – 2): Temos que subtrair os cubinhos dos extremos superior e inferior;
   ⇨ (10 – 2): Temos que subtrair os cubinhos das extremidades laterais.

II. O número de cubos que possuem, somente, **duas faces pintadas de preto**:

Solução: Essa resposta está atrelada à quantidade de arestas, ou seja, 12 x (10 – 2) = 96 cubinhos
   ⇨ 12 : A quantidade de arestas
   ⇨ (10 – 2): Temos que subtrair os cubinhos dos extremos superior e inferior;

III. O número de cubos que possuem **três faces pintadas de preto**:

Solução: Essa resposta está atrelada à quantidade de vértices, ou seja, 8 cubinhos.

IV- O número de faces que não possuem **nenhuma face pintada de preto**:

Solução: Essa resposta consiste em retirar todos os cubos que possuem contato com o exterior, ou seja, $(10-2) \times (10-2) \times (10-2) = 512$ cubinhos.

V- Quantos cortes foram dados?

Solução: O número de cortes é sempre a soma das três dimensões, quando subtraídas cada uma delas de uma unidade.
$(10-1) + (10-1) + (10-1) = 27$ cortes

Questões dos Colégios Militares

01. (CMRJ/93) A soma das medidas das *arestas de um mesmo vértice* de um paralelepípedo retângulo é igual a 40 dm. A primeira é 2/3 da segunda e essa, 3/5 da terceira. O volume desse paralelepípedo é:

a) 1.920 dm^3
b) 1.980 dm^3
c) 2.000 dm^3
d) 2.100 dm^3
e) 2.400 dm^3

02. (CMRJ/97) Um reservatório de água tem a forma de um paralelepípedo retângulo, como mostra a figura. Sabendo que o nível de água está a 500 mm da borda, quantos litros de água contém o reservatório?

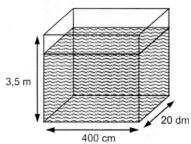

a) 24 litros
b) 2.400 litros

c) 240 litros
d) 24.000 litros
e) 2,4 litros

03. (CMRJ/98) Imagine que com um spray fossem pintadas de vermelho todas as faces da pilha de cubos abaixo. Assinale a alternativa que corresponde a quantidade de cubos que restam com nenhuma face pintada:

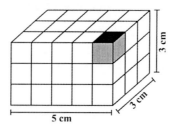

a) 3
b) 5
c) 6
d) 8
e) 10

04. (CMRJ/98) Uma piscina de 6 m de comprimento por 4 m de largura, contém água até os 3/5 de sua altura. Sabendo-se que faltam 480 hl d'água para enchê-la, podemos afirmar que a altura da piscina é, em metros:

a) 5
b) 8
c) 10
d) 12
e) 15

05. (CMRJ/99) Em uma determinada cidade, no verão sempre falta água; por isso, um grupo de moradores de uma vila de cinco casas resolveu comprar 10 m^3 de água de um carro pipa, para abastecer, respectivamente, da casa I à casa V, suas cisternas de 2.500 litros, 3.000 litros, 1.200 litros, 1.500 litros e 1.600 litros, sendo o restante da água desperdiçada. Os moradores dividiram o custo da água de acordo com a capacidade de suas respectivas cisternas e o valor da água desperdiçada foi dividida em partes iguais. Sabendo que o motorista do carro pipa cobrou R$ 100,00 pela água, o morador da casa V deverá pagar:

a) R$ 15,20
b) R$ 16,00

c) R$ 16,40
d) R$ 25,40
e) R$ 30,00

06. (CMRJ/99) Uma armação em forma de cubo é feita soldando-se 12 pedaços de arame de 7 cm cada um, conforme o desenho abaixo:

Uma aranha sobre um dos vértices da armação começa a caminhar. A diferença entre a maior distância e a menor distância que a aranha pode percorrer para voltar ao ponto de partida, sem passar duas vezes pelo mesmo pedaço de arame é:(*OBS: Na prova original, o bicho era uma mosca*)

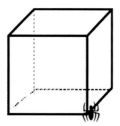

a) 21 cm
b) 28 cm
c) 32 cm
d) 43 cm
e) 56 cm

07. (CMRJ/99) A piscina da casa de Orlando tem 3 profundidades, como mostra o esquema abaixo:

Sabendo-se que a piscina deve ser cheia até 10 cm abaixo da borda, a quantidade de litros de água necessários para tal é:

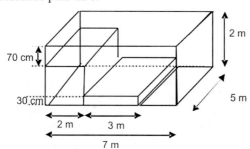

a) 25.500 litros
b) 30.000 litros

c) 49.000 litros
d) 62.500 litros
e) 70.000 litros

08. (CMRJ/00) Uma caixa d'água que mede, internamente, 25 dm de comprimento, 180 cm de largura e 0,15 dam de altura, contém água até os dois décimos da sua altura. Se toda a água contida na caixa for passada para baldes de 150 dl, o número de baldes necessário é:

a) 45
b) 50
c) 60
d) 90
e) 450

09. (CMRJ/01) Um paralelepípedo **A** tem 25 cm de comprimento, 15 cm de largura e 10 cm de altura. Se triplicarmos as medidas das arestas do paralelepípedo **A**, obteremos um paralelepípedo **B**. Quantas vezes o paralelepípedo **A** cabe no paralelepípedo **B**?

a) 3
b) 6
c) 9
d) 18
e) 27

10. (CMRJ/01) O nível da água de uma piscina, em forma de paralelepípedo retângulo, está 40 cm abaixo da borda. As dimensões da piscina são: 25 m de comprimento, 0,1 hm de largura e 2000 mm de altura. A quantidade de água, em decalitros, que ainda devemos retirar da piscina para que ela fique com volume de 22.500.000 cl de água é:

a) 100.000 litros
b) 225 kl
c) 500.000 litros
d) 17.500 dal
e) 400.000 hl

11. (CMRJ/02) Uma piscina retangular, de 18 metros de comprimento e 12 metros de largura, tem 1,5 metros de profundidade. Qual o número mínimo de caixas de ladrilhos quadrados, com 15 centímetros de lado, que deverão ser compradas para revestir as paredes e o fundo da piscina, sabendo que cada caixa tem 20 ladrilhos e 3/20 do que é comprado é perdido em quebras ou recortes?

a) 578

b) 680
c) 800
d) 1.280
e) 1.440

12. (CMRJ/02) Calcule o volume da escada representada na figura a seguir, sabendo que os seis degraus possuem medidas idênticas:

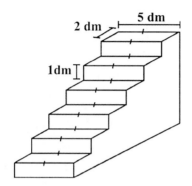

a) 180dm^3
b) 190dm^3
c) 210dm^3
d) 280dm^3
e) 360dm^3

13. (CMRJ/03) Uma fábrica de refrigerante compra xarope concentrado para produzir o seu produto. Esse xarope lhe é enviado em depósitos apropriados, em forma de cubo de 2 metros de aresta, sendo que o xarope deixa 10 cm da altura livres. Com cada litro de xarope, a fábrica produz 7 litros de refrigerante, o qual é vendido em vasilhames de 2 litros. Se, na última compra, chegaram à fábrica 8 depósitos de xarope, quantos vasilhames de refrigerante poderão ser produzidos com esse xarope?

a) 7600
b) 26600
c) 212800
d) 234080
e) 235200

14. (CMRJ/03) Na cozinha de Joana, só existe um lugar para ela colocar um freezer, cuja altura não pode exceder 1,33 m. Ela quer comprar um aparelho que tenha o maior volume interno. Pesquisando nas lojas, ela encontrou vários modelos, dos quais destacou as características de cinco deles no quadro abaixo. identifique o modelo que você aconselharia Joana a comprar.

| Modelo | Nº de gavetas | Medidas das gavetas |||
		altura	largura	profundidade
a)	6	15 cm	45 cm	45 cm
b)	5	20 cm	43 cm	43 cm
c)	5	20 cm	40 cm	45 cm
d)	4	25 cm	45 cm	40 cm
e)	3	45 cm	45 cm	40 cm

15. (CMRJ/05) Para lavar seu carro, Marcelo retirou água de um reservatório, em forma de paralelepípedo, que estava completamente cheio, utilizando um balde cuja capacidade é de 10 litros, que sempre saía completamente cheio. A figura abaixo apresenta as dimensões do reservatório de onde Marcelo retirou a água.

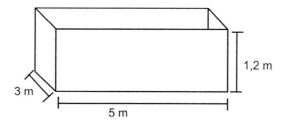

Após lavar o carro, Marcelo verificou que o nível da água no reservatório diminuiu o equivalente a 1,2 cm. O número de baldes que foram utilizados é:

a) 18
b) 19
c) 20
d) 21
e) 22

16. (CMRJ/06) A segunda pista do mapa era: "Caminhe, no sentido norte, tantos metros quanto for a décima parte do número de barris de água, totalmente cheios, necessários para encher a Cova do Leão." Sabendo-se que a capacidade de um barril totalmente cheio é de 60 litros e que a Cova do Leão tem a forma de um paralelepípedo, conforme representado na figura abaixo, determine quantos metros caminhou o pirata.

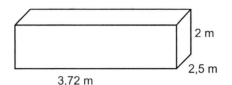

a) 30
b) 31
c) 32
d) 33
e) 34

17. (CMRJ/06) Quando achou o esconderijo, Barba Negra resolveu desenterrar as barras de ouro e guardá-las em caixas. Tanto as barras de ouro quanto as caixas onde elas deveriam ser guardadas tinham a forma de paralelepípedos, com dimensões indicadas nas figuras abaixo. Sabendo-se que o número mínimo de caixas necessárias para guardar todas as barras de ouro é 15, determine qual dos números abaixo indicados pode corresponder à quantidade de barras de ouro.

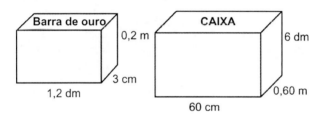

a) 3.812
b) 3.917
c) 4.101
d) 4.190
e) 4.403

18. (CMRJ/07) Depois de vários dias de competição, restara apenas o jovem Morg; ele era corajoso e inteligente. Além do mais, ficou apaixonado quando viu a princesa Stella, jurando que daria a própria vida pelo amor da linda moça. Era chegada a hora d última prova: entrar no Labirinto do Eco Eterno, achar a Pedra da Sabedoria e retornar. Após caminhar por muito tempo, o jovem Morg chegou defronte a uma porta na qual havia um número pintado. No chão, em frente à porta, havia um recipiente de vidro com água (figura A), cinco chaves de ferro e uma régua. Na parede e acima da porta estava escrito: "Se usares a chave certa, pela porta passarás; porém, se a chave errada usares, logo-logo morrerás". Com cada uma das caves, Morg fez a mesma coisa: colocava a chave dentro do recipiente, fazia medições com a régua e, depois, retirava a chave; desse modo, foi possível calcular o peso de cada uma. Percebeu que apenas um desses pesos correspondia ao número escrito na porta. Pronto, Morg acabara de encontrar a chave certa! Sabendo-se que a figura B mostra a chave correta dentro do recipiente com água e que 1 cm³ de ferro pesa 7,2 gramas, determine o peso da chave.

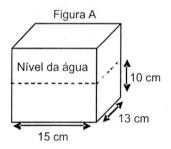
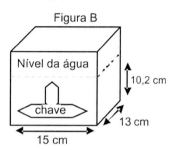

a) 110 gramas
b) 208,8 gramas
c) 273 gramas
d) 280,8 gramas
e) 390,7 gramas

19. (CMRJ/08) A figura abaixo representa uma folha de papel retangular, onde estão destacados 6 quadrados. Com a parte destacada dessa folha, pode-se montar um cubo. Se a área da folha é 432 cm², o volume desse cubo, em cm³, é:

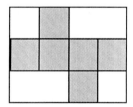

a) 8
b) 27
c) 64
d) 125
e) 216

20. (CMRJ/08) Os candidatos aprovados neste Concurso de Admissão participarão, no próximo ano, das solenidades de comemoração do 120° aniversário do CMRJ. Dentre os mais baixinhos, um aluno e uma aluna terão a honra de conduzir, nos desfiles dos alunos nas Formaturas festivas, a mascote do Colégio, o carneiro Nicodemus. Esses mais baixinhos também poderão ter um tratamento especial nas aulas de natação; já que a piscina olímpica é muito funda para eles, os fundamentos básicos dessa modalidade esportiva poderão ser desenvolvidos na piscina infantil, capacitando-os para o uso da outra mais adiante. Essa piscina infantil tem a forma de um paralelepípedo retângulo, com 12 metros de comprimento e 6 metros de largura; quando totalmente cheia, sua capacidade é de 77.760 litros de água. Se, para uso durante as aulas, a superfície livre da água estiver a 1 dm da borda superior da piscina, qual será a altura, em metros, da camada de água existente na piscina?

a) 0,98
b) 1,05
c) 1,07
d) 1,1
e) 1,7

21. (CMB/05) Uma cisterna, em formato de paralelepípedo, cujas dimensões são 2 metros, 3 metros e 4 metros contém água até 2/3 de sua capacidade total. Nessa cisterna há:

a) 24.000 litros de água;
b) 16.000 litros de água;
c) 12.000 litros de água;
d) 8.000 litros de água;
e) 1.000 litros de água;

22. (CMB/06) Uma caixa d´água possui formato cúbico. Sabendo que a altura é de 1,5 m, determine sua capacidade total:

a) 3,375 litros
b) 4,5 litros
c) 3375 litros
d) 3000 litros
e) 4500 litros

23. (CMB/06) Ao se triplicar tanto o comprimento, quanto a largura e a altura de um paralelepípedo retângulo, em quantas vezes o seu volume será aumentado?

a) 3
b) 6
c) 9
d) 18
e) 27

24. (CMBH/02) Carlos deseja colocar azulejos nas paredes laterais e no fundo da piscina de sua casa que é no formato de um paralelepípedo retângulo de 7,50 m de comprimento, 4,50 m de largura e 1,50 m de profundidade. Os azulejos escolhidos são quadrados de 15 cm de lado. A quantidade de azulejos necessários para forrar toda a piscina será de:

a) 2.300
b) 2.800
c) 4.600
d) 3.100
e) 2.600

25. (CMBH/04) Em uma fábrica de cosméticos existe um tanque com o formato de um paralelepípedo retângulo cujas dimensões são 0,005 hm, 30 dm e 0,004 km. Neste tanque está armazenado o perfume Encantador, ocupando 6,5% da capacidade total do recipiente. Se 1 decalitro do perfume custa R$ 125,00 então a quantidade de perfume existente no tanque vale:

a) R$ 4.875,00
b) R$ 48.750,00
c) R$ 6.500,00
d) R$ 12.500,00
e) R$ 6.000,00

26. (CMBH/07) Feliciano deseja construir uma piscina no quintal de sua casa. Essa piscina terá o formato de um paralelepípedo cujas dimensões serão: 13,6 m de comprimento, 2 m de largura e 1 m de profundidade. Sabendo-se que 1 kg de terra ocupa 1,7 dm^3 de volume e que um carrinho de mão carrega 40 kg de terra, o número mínimo de vezes que um carrinho deverá ser utilizado para retirar a terra correspondente ao volume da piscina é:

a) 400
b) 450
c) 370
d) 410
e) 350

27. (CMS/03) Flávia tem uma caixa com 10 cm de comprimento, 8 cm de largura e 6 cm de altura, como mostra a figura abaixo. Ela quer colocar dentro da caixa cubinhos com 2 cm de aresta. A quantidade necessária de cubinhos para encher totalmente a caixa é igual a:

Capítulo 15 - Volume de Sólidos | 279

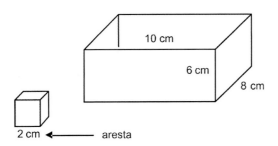

a) 20
b) 60
c) 80
d) 240
e) 480

Observação: Se a aresta do cubo fosse 4 cm? Caberiam 7, 8 ou apenas 4 cubinhos?

28. (CMS/05) Marcos tem um cubo de 5 dm de aresta e resolveu decorá-lo, forrando com papel azul todas as suas seis faces. Ele comprou uma folha de 1,4 m² para fazer a decoração. Podemos concluir que o papel comprado:

a) é suficiente para forrar todas as faces do cubo e sobrarão 30 dm² de papel;
b) é suficiente para forrar todas as faces do cubo e sobrarão 20 dm² de papel;
c) é suficiente para forrar todas as faces do cubo e sobrarão 10 dm² de papel;
d) não é suficiente para forrar todas as faces do cubo e faltarão exatamente 10 dm² de papel;
e) não é suficiente para forrar todas as faces do cubo e faltarão exatamente 20 dm² de papel.

29. (CMS/05) Ernesto possui um cubo de madeira de 4 cm de aresta. Em seguida pintou suas faces de azul e, depois, dividiu-o em 64 cubinhos de 1 cm de aresta, conforme a figura abaixo. Se A é o número de cubinhos com 3 faces pintadas, B é o número de cubinhos com 2 faces pintadas, C é o número de cubinhos com 1 face pintada e D é o número de cubinhos que não possui face pintada, a expressão [(B + C) x A] – D é igual a:

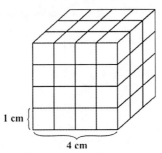

a) 64
b) 320

c) 376
d) 384
e) 586

30. (CMS/06) O tanque na casa de Josias tem a forma cúbica cuja aresta mede 1,4 m e está totalmente cheio. Supondo que nesta casa o consumo diário de água seja 343 litros, quantos dias serão gastos para esvaziar o tanque?

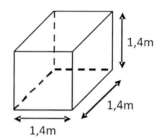

a) 2.744 dias
b) 8 dias
c) 245 dias
d) 2.450 dias
e) 14 dias

31. (CMS/06) Uma caixa d'água tem a forma de um paralelepípedo retângulo cujas dimensões são: 1,27m de altura, 2,40m de largura e 3,40m de comprimento. Verificou-se que o volume era insuficiente e aumentou-se sua altura em 50 cm. Sua capacidade aumentou em:

a) 4,08 litros
b) 40,8 litros
c) 408 litros
d) 4.080 litros
e) 40.800 litros

32. (CMS/07) Raquel colocou nove cubos sobre uma mesa arrumados conforme a figura.

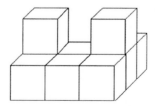

Em seguida, pintou apenas as faces visíveis dos cubos. Se cada cubo possui 10cm de aresta, a soma das áreas das faces de cada cubo que deixou de ser pintada foi:

a) 0,24 m²
b) 0,25 m²
c) 0,26 m²
d) 0,27 m²
e) 0,28 m²

33. (CMR/03) Em um prédio, há uma caixa d'água na forma de um paralelepípedo retangular com as seguintes medidas internas: 6 m de altura, 4 m de largura e 2,5 m de comprimento. Estando a caixa vazia, o síndico deseja colocar apenas 60 cm de altura de água. Sabendo que a empresa cobra R$ 6,00 por cada 1.000 litros de água, a quantia a ser paga será de:

a) R$ 19,50
b) R$ 36,00
c) R$ 46,00
d) R$ 18,00
e) R$ 360,00

34. (CMR/05) Depois de muito brincarem, Joaninha e Zequinha foram caminhar na floresta. Ao se aproximarem da casa do Sr. Castor, logo avistaram-no enchendo a piscina, cujas medidas estão na figura abaixo:

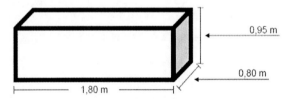

Estando a piscina com 3/8 da sua capacidade total, quantos litros d'água ainda faltam para encher totalmente a piscina do seu Castor?

a) 349 litros
b) 394 litros
c) 456 litros
d) 513 litros
e) 855 litros

35. (CMR/05) Como estava com visitas, Sr. Castor decidiu encher sua caixa d'água, usando baldes com capacidade de 1,5 litros. Quantos baldes serão necessários para seu Castor encher toda a caixa d'água, estando ela totalmente vazia?

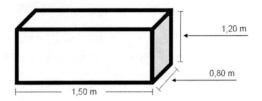

a) 240 baldes
b) 480 baldes
c) 720 baldes
d) 960 baldes
e) 1.440 baldes

36. (CMR/07) Pedro e Lucas, ao terminarem de comer, colocaram um pedaço de chocolate que havia sobrado em uma das caixinhas de suco. O pedaço de chocolate ficou 2/3 submerso e subiu o nível do suco na caixinha em 1 centímetro.

Sabe-se que a caixinha tinha o formato de paralelepípedo retângulo, de dimensões 120 milímetros de altura por 0,4 decímetros de largura, por 5 centímetros de comprimento. Sabe-se também que, antes de o chocolate ter sido submerso, a quantidade de suco armazenada na caixinha era de 2/3 da capacidade total desse recipiente.

Assim sendo, pode-se afirmar que o pedaço de chocolate possuía um volume, em centímetros cúbicos, de:

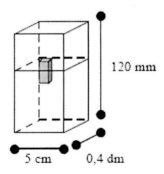

a) 300
b) 30
c) 1.00
d) 10
e) 12.000

37. (CMR/07) Ainda com fome Lucas disse: - Na verdade, agora eu gostaria mesmo de comer um bolo com cobertura. Imaginem um grande bolo com forma de cubo coberto por glacê em todas as faces, exceto na face de baixo. Dividindo todo o bolo em 64 pequenos cubos, todos eles do mesmo tamanho, o número de pedaços de bolo que não teria glacê em nenhuma das faces seria:

a) nenhum
b) 2
c) 3
d) 6
e) 12

38. (CMPA/02) Para fazer uma piscina em um terreno, escavou-se um buraco com 20 metros de comprimento. A largura é igual a 3/4 do comprimento e a profundidade é a décima parte do comprimento. Toda a terra retirada será transportada num caminhão, cuja carroceria tem 4 metros de comprimento; 3 metros de largura e 80 centímetros de altura. Assim, para transportar todo o volume de terra serão necessárias, no mínimo:

a) 62 viagens
b) 61 viagens
c) 63 viagens
d) 60 viagens
e) 64 viagens

39. (CMPA/03) Maria comprou um aquário de vidro, no formato de um paralelepípedo, com 50 cm de largura, 20 cm de comprimento e 12 cm de altura. Nesse aquário foram colocados 10 litros de água. Uma pequenina pena de pássaro foi levada pelo vento até o aquário, estando a boiar na superfície da água. Assim, a distância entre a pena e o fundo do aquário é igual a:

a) 12 cm
b) 10 cm
c) 11 cm
d) 9 cm
e) 8 cm

40. (CMPA/06) Considere as afirmações abaixo:

I- os múltiplos do metro (m) são centímetro (cm) e milímetro (mm);
II- A relação entre 1 m e 1 hm é 1 m = 100 hm;
III- A área de um quadrado de lado 4 cm é 8cm^2;
IV- O volume de um cubo, cuja aresta mede 2 cm de comprimento, é igual a 8 cm^3.

Podemos afirmar que:

a) as afirmações I e III são verdadeiras;
b) as afirmações II e IV são verdadeiras;
c) as afirmações I e IV são verdadeiras;
d) apenas a afirmação III é verdadeira;
e) apenas a afirmação IV é verdadeira.

41. (CMPA/07) Laura despejou 10 copos cheios de água, com 300 ml cada um, em um balde cúbico de 30 cm de aresta, que se encontrava vazio. Sendo assim, pode-se afirmar que a água:

a) transbordou;
b) coube exatamente no balde;
c) ocupou exatamente a metade da capacidade do balde;
d) ocupou menos da metade da capacidade do balde;
e) ocupou mais da metade da capacidade do balde, sem transbordar.

42. (CMF/05) O volume de um paralelepípedo de faces retangulares é 12.000 dm^3. Suas dimensões (comprimento, largura e altura) são dadas, em metros, por três números naturais cuja soma é igual a um número primo. A soma das áreas de todas as faces do paralelepípedo é:

a) 50 m^2
b) 40 m^2
c) 38 m^2
d) 36 m^2
e) 32 m^2

43. (CMF/07) A quantidade de cubos de aresta medindo 0,015 dam que é necessária para se obter a mesma capacidade de um recipiente com 20,25 litros é igual a:

a) 6
b) 8
c) 10
d) 12
e) 14

44. (CMCG/05) Um caminhão baú com dimensões internas de 12 m de comprimento, 3 m de largura e 2,5 m de altura irá transportar caixas do mesmo formato com dimensões de

20 cm de largura, 15 cm de comprimento e 10 cm de altura. Pode-se afirmar que o número máximo de caixas transportadas será igual a:

a) 300
b) 3.000
c) 30.000
d) 300.000
e) 3.000.000

45. (CMCG/06) Uma peça de ferro tem a forma de um paralelepípedo com 2,8 m de comprimento, 2 m de largura e 5 cm de altura. Sabendo que 1 dm³ dessa peça pesa 900 g podemos afirmar que ela pesa, em kg:

a) 252 kg
b) 2.520 kg
c) 25,2 kg
d) 2,52 kg
e) 0,252 kg

46. (CMCG/06) O dominó é composto por 28 peças. Uma embalagem comum para o brinquedo consiste em uma caixa no formato de um paralelepípedo onde as peças são distribuídas em quatro fileiras, uma sobre a outra, de sete peças cada. Se todas as peças possuírem, cada uma, 5 mm de altura, 2 cm de largura e 5 cm de comprimento, podemos afirmar que o volume do paralelepípedo que servirá de embalagem, considerando que não há espaços vazios entre as peças e entre a embalagem, é de:

a) 140 cm³
b) 1.400 cm³
c) 35 cm³
d) 350 cm³
e) 5 cm³

47. (CMCG/06) Alguns sorvetes são fornecidos em potes, como mostra a figura abaixo. Um fabricante pretende embalar seu sorvete em potes de 2 litros com 10 cm de largura e 20 cm de comprimento. Supondo que esse pote tenha a forma de um paralelepípedo e que 1 litro de sorvete ocupa 1 dm³, podemos afirmar que a altura desse pote, para ter a capacidade de 2 litros, deve ser de:

a) 1 cm
b) 1 dm
c) 2 cm
d) 2 dm
e) 1 m

48. (CMM/02) Um aquário tem base quadrada com 20 cm de lado. Colocando-se água no seu interior até uma altura de 12 cm, o volume de água colocada será:

a) 4,8 dm³
b) 0,48 dm³
c) 48 dm³
d) 480 dm³

49. (CMM/05) O aquário (figura abaixo) está totalmente preenchido com água, peixes e ornamentos. Flávio Augusto resolve fazer uma limpeza neste aquário. Ao retirar todos os peixes e demais ornamentos, verificou que restavam 50 litros de água. Então o volume ocupado pelos peixes e os ornamentos é de:

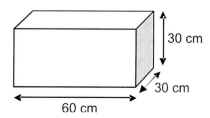

a) 6 litros
b) 2 litros
c) 4 litros
d) 8 litros
e) 1 litro

50. (CMJF/06) Quantos litros de água são necessários para encher o tanque?

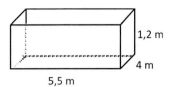

a) 26,4 litros
b) 26.400 litros
c) 2.640 litros
d) 264 litros
e) 264.000 litros

51. (CMC/07) De quantos cubinhos de 1 cm de lado, isto é, um centímetro cúbico, precisaremos para construir um cubo com 3 cm de comprimento, 3 cm de largura e 3 cm de altura?

a) 25
b) 16
c) 64
d) 36
e) 27

Gabaritos

Capítulo 1

01. e	14. c	27. b
02. d	15. e	28. b
03. e	16. a	29. a
04. a	17. d	30. e
05. e	18. a	31. c
06. b	19. d	32. d
07. b	20. c	33. b
08. b	21. b	34. a
09. e	22. d	35. b
10. b	23. c	36. e
11. d	24. b	37. d
12. a	25. d	38. d
13. c	26. d	

Capítulo 2

01. a	05. d	09. e
02. d	06. c	10. b
03. b	07. c	11. d
04. c	08. d	12. a

13. a
14. c
15. a
16. d
17. b
18. a
19. b
20. d
21. c

22. b
23. c
24. c
25. b
26. e
27. b
28. c
29. d
30. c

31. b
32. d
33. e
34. b
35. e
36. d
37. e
38. b

Capítulo 3

01. c
02. a
03. a
04. d
05. b
06. a
07. d
08. b

09. d
10. c
11. a
12. d
13. b
14. a
15. F/F/V/V/F
16. e

17. d
18. b
19. e
20. b
21. b
22. b
23. a
24. c

Capítulo 4

01. d
02. c
03. e
04. b
05. e
06. c
07. c
08. b
09. a
10. b
11. b
12. c
13. d
14. a
15. e
16. b

17. c
18. a
19. c
20. a
21. a
22. d
23. b
24. d
25. a
26. e
27. d
28. b
29. d
30. e
31. c
32. b

33. e
34. e
35. a
36. d
37. c
38. b
39. c
40. b
41. d
42. c
43. a
44. e
45. b
46. a
47. c
48. c

49. b
50. e
51. a
52. e

53. d
54. b
55. a
56. a

57. c
58. c
59. d

Capítulo 5

01. d
02. d
03. a
04. b
05. b
06. a
07. b
08. c
09. a
10. b
11. b
12. e
13. e
14. c
15. a
16. c
17. e
18. a
19. d

20. a
21. d
22. a
23. e
24. d
25. b
26. b
27. c
28. c
29. a
30. c
31. b
32. e
33. d
34. b
35. d
36. b
37. c
38. c

39. a
40. a
41. e
42. d
43. c
44. b
45. a
46. b
47. c
48. b
49. b
50. b
51. c
52. c
53. b
54. e
55. e

Capítulo 6

01. b
02. d
03. c
04. b
05. b
06. e
07. c
08. c
09. d

10. b
11. a
12. c
13. a
14. c
15. a
16. d
17. c
18. a

19. e
20. a
21. d
22. b
23. d
24. a
25. d
26. a
27. c

28. e
29. c
30. b
31. a
32. c
33. e
34. c
35. d
36. c
37. b
38. d
39. c
40. d
41. d
42. e
43. d
44. d

45. b
46. b
47. b
48. c
49. b
50. c
51. a
52. d
53. b
54. a
55. e
56. c
57. a
58. e
59. c
60. c
61. e

62. d
63. a
64. d
65. d
66. c
67. a
68. e
69. d
70. d
71. d
72. b
73. b
74. d
75. c
76. e
77. a

Capítulo 7

01. c
02. b
03. b
04. e
05. a
06. b
07. e
08. d
09. c
10. d
11. b
12. b
13. d
14. c
15. e
16. d
17. a
18. a
19. b

20. e
21. b
22. a
23. d
24. b
25. e
26. c
27. b
28. e
29. e
30. e
31. e
32. e
33. b
34. b
35. d
36. e
37. b
38. d

39. a
40. c
41. c
42. a
43. b
44. e
45. c
46. d

Capítulo 8

01. e	25. b	49. d
02. d	26. c	50. e
03. e	27. e	51. c
04. c	28. c	52. e
05. c	29. b	53. a
06. d	30. c	54. a
07. a	31. c	55. e
08. a	32. c	56. d
09. a	33. b	57. d
10. e	34. d	58. a
11. a	35. d	59. e
12. b	36. e	60. c
13. a	37. e	61. b
14. e	38. e	62. b
15. d	39. b	63. e
16. d	40. c	64. a
17. d	41. e	65. b
18. e	42. a	66. c
19. d	43. d	67. c
20. c	44. c	68. d
21. d	45. d	69. a
22. e	46. c	70. b
23. b	47. d	
24. c	48. b	

Capítulo 9

01. c	11. a	21. a
02. b	12. b	22. d
03. a	13. b	23. c
04. c	14. e	24. b
05. d	15. b	25. a
06. b	16. e	26. a
07. c	17. a	27. c
08. b	18. b	28. b
09. a	19. e	29. e
10. d	20. d	30. b

31. b
32. b
33. e
34. a
35. a
36. anulada

37. d
38. e
39. a
40. a
41. b
42. b

43. b
44. c
45. b
46. b
47. c
48. a

Capítulo 10

01. d
02. a
03. e
04. b

05. a
06. a
07. a
08. a

09. a
10. d

Capítulo 11

01. b
02. d
03. e
04. b
05. a
06. b
07. e
08. c
09. d
10. e
11. a
12. e
13. c

14. a
15. b
16. c
17. a
18. e
19. a
20. c
21. a
22. a
23. a
24. a
25. a
26. c

27. b
28. e
29. c
30. b
31. c
32. b
33. c
34. b
35. b
36. a
37. d

Capítulo 12

01. c
02. a
03. b
04. a

05. a
06. c
07. c
08. e

09. c
10. a
11. d
12. e

13. a
14. d
15. d
16. e
17. b
18. b
19. b
20. e
21. c
22. b
23. a
24. e
25. e
26. a
27. c
28. e
29. c

30. e
31. a
32. e
33. e
34. b
35. d
36. a
37. a
38. c
39. a
40. e
41. e
42. b
43. c
44. b
45. e
46. c

47. b
48. c
49. d
50. d
51. d
52. b
53. e
54. d
55. a
56. e
57. a
58. c
59. a
60. d
61. e

Capítulo 13

01. b
02. b
03. e
04. e
05. e
06. d
07. e
08. c
09. a
10. a
11. e
12. c
13. d
14. c
15. b
16. d
17. b
18. c
19. b

20. d
21. d
22. a
23. d
24. c
25. e
26. b
27. d
28. e
29. e
30. e
31. e
32. e
33. d
34. c
35. b
36. c
37. a
38. c

39. e
40. e
41. d
42. e
43. c
44. d
45. a
46. b
47. b
48. a

Capítulo 14

01. e	17. d	33. e
02. e	18. a	34. d
03. e	19. a	35. d
04. d	20. a	36. b
05. e	21. d	37. c
06. b	22. b	38. b
07. e	23. a	39. b
08. a	24. b	40. b
09. d	25. e	41. a
10. b	26. b	42. e
11. c	27. b	43. b
12. d	28. e	44. b
13. e	29. d	45. b
14. c	30. a	46. c
15. e	31. c	47. b
16. c	32. e	48. c

Capítulo 15

01. a	18. d	35. d
02. d	19. e	36. b
03. a	20. a	37. e
04. a	21. b	38. c
05. b	22. c	39. b
06. b	23. e	40. e
07. c	24. d	41. d
08. d	25. b	42. e
09. e	26. a	43. a
10. d	27. b	44. c
11. c	28. d	45. a
12. c	29. c	46. a
13. c	30. b	47. b
14. b	31. c	48. a
15. a	32. b	49. c
16. b	33. b	50. b
17. e	34. e	51. e

Referências Bibliográficas

Bonjorno, José Roberto / Matemática – "Pode Contar Comigo!" (3ª série) – EDITORA FTD.

Brandão, Marcius / Matemática Conceituação Moderna – EDITORA DO BRASIL S.A.

Carvalho, Thales Mello / Matemática para os Cursos Clássico e Científico – COMPANHIA EDITORA NACIONAL.

De Souza, Francisco / Tópicos de Álgebra e Aritmética – EDITORA MOANDY.

Carneiro, Emanuel; Paiva, Francisco Antônio e Campos, Onofre/ Olimpíadas Cearenses de Matemática – REALCE EDITORA & IND. GRÁFICA LTDA.

Maeder, Algacyr Munhoz / Curso de Matemática (1º Livro Colegial) EDIÇÕES MELHORAMENTOS.

Marcondes, Oswaldo / Matemática 1ª série ginasial – EDITORA DO BRASIL S/A.

Marcondes, Oswaldo / Curso de Matemática (5ª série) – EDITORA DO BRASIL S/A.

Neto, João Lúcio de Alencar / Matemática Vestibulares e Concursos – EDIÇÕES CAE.

O'Reilly, Newton / Caderno de Aritmética – EDITORA MINERVA.

Quintella, Ary / Matemática – 1ª série ginasial – COMPANHIA EDITORA NACIONAL.

Reame, Eliane / Matemática Criativa (4ª série) – EDITORA SARAIVA.

Reunião dos Professores / Elementos de Arithemética – LIVRARIA FRANCISCO ALVES E CIA.

Rodrigues, J.J.Neves / Aritmética – EDITORA LETRAS E ARTES LTDA.

Roxo, Euclides / Matemática 2º Ciclo (1ª série) – LIVRARIA FRANCISCO ALVES E CIA.

Stavale, Jacomo / Elementos de Matemática 1º volume – COMPANHIA EDITORA NACIONAL.

Trajano, Antônio / Aritmética Progressiva – LIVRARIA FRANCISCO ALVES E CIA.

Vieira, Ricardo Rodrigues / Aritmética – COMPANHIA EDITORA